씨를 훌훌 뿌리는
직파 벼 자연재배

ⓒ 김광화·장영란 2016

초판 1쇄 발행일 2016년 3월 10일

지 은 이 김광화·장영란

출판책임 박성규
기획실장 선우미정
편집진행 김상진
편   집 유예림·구소연
디 자 인 김지연·이수빈
마 케 팅 석철호·나다연
경영지원 김은주·이순복
제   작 송세언
관   리 구법모·엄철용

펴 낸 곳 도서출판 들녘
펴 낸 이 이정원
등록일자 1987년 12월 12일
등록번호 10-156
주   소 경기도 파주시 회동길 198
전   화 마케팅 031-955-7374 편집 031-955-7381
팩시밀리 031-955-7393
홈페이지 www.ddd21.co.kr

ISBN 979-11-5925-135-1(14520)
     979-89-7527-160-1(세트)

값은 뒤표지에 있습니다. 잘못된 책은 구입하신 곳에서 바꿔드립니다.

이 도서의 국립중앙도서관 출판예정도서목록(CIP)은 서지정보유통지원시스템 홈페이지(http://seoji.nl.go.kr)와 국가자료공동목록시스템(http://www.nl.go.kr/kolisnet)에서 이용하실 수 있습니다.(CIP제어번호: CIP2016004381)

씨를 훌훌 뿌리는
직파 벼
자연재배

김광화 글·사진 | 장영란 그림

머릿말

생명, 그 근본에 대한 관심과 사랑

내가 벼농사를 지은 지 어느새 18년. 이 과정에서 볍씨를 논에다가 바로 뿌리는 직파 재배를 8년째 했다. 우리는 농사 규모가 크지 않다. 자급자족을 하고 남는 건 이웃과 나누는 수준이다.

그럼에도 왜 나는 벼농사를 짓는가? 한마디로 잘 먹고 잘 살기 위해서다. 말 그대로 단순하다. 살기 위해 밥을 먹어야 하고, 밥을 먹자면 쌀이 있어야 한다는 상식에서 시작한다. 쌀은 날마다 두 끼 혹은 세 끼를 먹는 주곡이 아닌가. 가능하면 자신이 손수 지은 쌀을 먹는 게 좋으리라.

사실 한 사람이 한 해 동안 먹는 쌀이라고 해봐야 얼마나 되겠나. 그마나 돈 주고 사 먹으면 간단한 일을. 하지만 돈 중심으로 세상을 바라보면 모든 걸 돈으로 해결하려 한다. 더 많이 벌어야 하고, 더 많이 쓰려고 한다. 결국 우리 사회는 대량 생산과 대량 소비의 사회가 되었다. 이 흐름에 휩쓸리다 보니 적정한 생산과 소비 기준이 어느 정도인지 가늠이 안 된다. 그 과정에서 안 해도 되는 생산을 하고, 안 해도 되는 소비를 하느라 또 다시 적지 않게 에너지를 쓴다. 그러다 보니 쓰레기에 치여 살고, 삶을 건강하게 이어나가는 일이 쉽지 않은

게 또 하나의 현실이다. 겉보기에는 번지르르 잘 사는 것 같은데 알맹이가 없는 삶.

삶의 근본이란 생명이 충만한 삶일 테다. '겉볼안'이라는 말이 있듯이 씨앗을 보면 겉보기가 좋은 녀석들이 알맹이도 좋다. 생명이 충만한 삶이란 바로 이런 씨앗 같은 삶이 아닐까.

자신이 손수 지은 쌀이 맛이 좋은 건 어쩌면 너무 당연한 이치라 하겠다. 남이 지은 쌀과 견주어 좋다는 게 아니다. 내가 흘리는 땀과 식구들이 먹고 버리는 이런저런 음식쓰레기와 똥오줌이 다시 흙으로 돌아가면서 순환하는 맛이 아닐까 싶다.

텃밭에서 상추 몇 포기, 고추 몇 그루라도 손수 길러본 사람이라면 누구나 경험했으리라. 정성과 사랑으로 돌본 먹을거리가 얼마나 자신의 몸과 마음을 기쁘게 하는지를. 논에서 짓는 쌀 역시 마찬가지. 내가 소중한 만큼 내가 먹는 쌀도 소중하게 대접해야 하리라.

내가 벼농사를 짓는 또 다른 이유는 단순히 쌀을 얻기 위한 것만은 아니다. 우리가 쌀을 자급할 때 자족할 수 있는 범위 역시 상당히 넓다는 걸 깨닫는다. 삶의 근본으로 다가갈수록 모든 건 서로 연결되지 않는가. '나락 한 알 속에 우주가 들어 있다'는 말이 있듯이 근본이 되는 먹을거리는 건강, 자녀교육, 문화, 예술과도 뗄 수 없는 관계다. 그 자세한 이야기는 이 책 4부에서 다루었다.

직파 재배가 지닌 매력

삶은 크고 작은 선택의 이어짐이다. 귀농이나 귀촌도 선택이듯 벼농사도 마찬가지. 삶의 가치를 어디에 두느냐에 따른 선택. 농사를 선택했지만, 농사에도 무수히 많은 선택이 따른다. 한두 작목으로 집중할 것인지, 여러 작물을 골고루 짓는 자급을 중심에 둘 것인지. 규모 역시 사람에 따라 천차만별. 게다가 어떤 기계를 얼마나 쓰는가도 선택이다.

사실 요즘 농사는 대부분 기계화·상업화·규모화되어 있다. 모판도 돈으로 사고, 모내기는 이앙기로 하며, 풀은 제초제를 써서 관리한다. 환경농업을 하는 사람들은 대부분 왕우렁이를 이용한다. 타작 역시 콤바인으로 하니까 농사 규모가 웬만해서는 일도 아니다.

벼 직파 역시 또 하나의 선택이다. 못자리를 하지 않고, 모내기를 하지 않는다. 싹을 틔운 볍씨를 그냥 논에다가 훌훌 뿌린다. 이 과정에서 묘한 자유와 해방감을 느낀다. 내 안에 잠자던 생명에 대한 감성이 다시 깨어난다.

하지만 직파를 하자면 알아야 할 게 많다. 아는 만큼 보이고, 보이는 만큼 안다고 했다. 벼를 알고, 풀을 알며, 물을 알고, 땅을 알아야 한다. 직파 재배 역시 선택이니만큼 하나하나 알아가는 과정 자체를 즐겨야 하리.

모내기(이앙) 재배에서 아주 중요하게 여기는 과정이 못자리와 모내기다. '못자리 농사가 반'이라는 말이 있을 정도로 모를 잘 키우는 게 한 해 농사를 좌우한다. 사실 어린 모를 잘 키우는 게 쉽지만은 않다. 좁은 곳에서 집중해서 한 달 이상 모를 키워야 하기 때문이다. 조금만 잘못되면 모가 들쑥날쑥하거나 누렇게 웃자라기도 하고 일찍 병들기도 한다.

그다음 과정이 모내기. '벼농사의 핵심'이라고 할 수 있다. 다른 걸 떠나 모내기만 했다면 일단 그 해 밥은 먹을 수 있다는 믿음이 생긴다. 김매기가 좀 부족하더라도, 병해충이 오더라도, 태풍을 겪더라도 수확량은 조금 줄겠지만 어찌어찌 한 해를 살아갈 희망을 품게 된다.

그런데 직파에서는 이 두 과정을 생략한다. 싹이 튼 볍씨를 바로 논에다가 뿌리는 거다. 벼가 할 일을 벼한테 맡긴다고나 할까. 어린 모를 키워 모내기까지 걸렸던 40일가량의 긴장되었던 시간을 훌쩍 건너뛴다.

여기서 생각을 넓혀본다. 벼가 자신의 생존방식에 따라 스스로 잘 자라준다면 얼마나 좋으랴. 그것도 자유롭고 당당하게. 벼한테도 좋고, 사람한테도 좋으리라! 벼가 쌀이 되는 그 결과만이 목표가 아니다. 자라는 과정부터 벼하고 서로 소통하고 믿음을 나누게 된다.

내가 모내기 재배를 하다가 직파로 바꾸게 된 계기가 바로 여기에 있다. 모내기를 하면서 보니까 한곳에 두어 포기 심은 벼와 열 포기 심은 벼가 자라는 모양새가 많이 달랐다. 한곳에 두어 포기 자란 벼는 가지치기를 잘한다. 여기에 견주어 열 포기가량 심은 벼는 제대로 가지치기를 못한다. 많이 경쟁하게 되고 부대끼게 된다.

그렇다면 아예 한곳에 한 포기를 심으면 어떨까. 더 나아가 모내기보다 차라리 볍씨를 바로 뿌리면 어떨까. 직파 벼는 한곳에 한 알이 기본이다. 모내기에 따르는 뿌리 다침이 없어 자연에 가깝다. 또한 제 본성대로 마음껏 가지치기를 하면서 줄기가 부챗살처럼 옆으로 퍼진다. 햇살을 한 줌이라도 더 받으려고, 되도록 벼 잎들끼리 서로 그늘지지 않으려고 그렇게 한다. 자라는 모양새가 대견하지 않는가. 당당하고 아름답다. 이 맛에 한 번 직파를 경험하게 되면 끊기가 어려워, 중독이 된다. 햇살과 바람을 넉넉히 받는 만큼 여기서 거둔 벼와 쌀도 그만큼 옹골차지 않을까.

내가 소중하다면 밥도, 쌀도, 벼도
사실 오늘날 농사를 짓는 건 시대 흐름을 거스르는 거나 다름없다. 돈 중심으로 세상이 굴러가다 보니 '돈 안 되는 게 농사'라는 푸념을 곧잘 듣곤 한다. 그마나 농사 가운데서도 벼농사는 단위 면적당 소득이 낮다. 우리 일상에서 날마다 밥이 되어 우리 목숨을 지켜주는 소중한 쌀이 푸대접을 받는 세상.

　이쯤에서 다시 한 번 질문을 던지게 된다. 그럼에도 굳이 왜 벼농사인가? 그 근본에 대한 답은 아마도 사랑이지 싶다. 내가 먹는 밥이 소중하다면 그 밥이 되는 쌀을 얻는 과정 역시 가능하면 사랑으로 어루만져주는 것이 좋지 않겠나. 내게 벼농사는 나와 우리 식구 목숨을 사랑하는 하나의 방식이다. 여기서도 힘이 남는다면 이웃과 나눌 정도로 규모를 늘릴 수는 있겠다.

　쌀이 되는 벼꽃은 화려하지 않다. 꽃잎과 꽃받침조차 없어 얼핏 봐서는 꽃 같지도 않다. 하지만 꽃잎을 만드는 데 드는 에너지를 온전히 자식을 남기는 데 기울인다. 그렇기에 벼는 인류의 절반을 먹여 살린다. 벼농사는 돈이 안 된다. 그렇기에 가난한 이들도 밥을 먹을 수 있다. 벼가 우직하듯이 벼농사는 어찌 보면 바보 같은 짓이고, 또 다르게 보면 성스러운 일이다.

벼 직파 재배가 우리나라는 아직 덜 알려졌지만 세계적으로는 일반화되었다. 직파 기계도 다양하다. 미국이나 호주는 대부분 헬기로 직파를 한다. 하지만 문제는 제초제, 바로 풀을 죽이는 풀약이다. 많은 나라에서, 많은 농부들이 직파를 하지만 대부분 약을 친다. 풀약은 생명이 충만한 삶과 거리가 멀다. 벼를 직파하면서 풀약을 치지 않는 방법을 알려주는 책을 나는 아직 보지 못했다. 그 점이 이 책만의 특별한 점이라고 자부한다.

여기서 그 비결을 간단히 말하자면 논 관리에 있다. 논 수평을 잘 맞추고, 왕우렁이를 잘 이용하면 어렵지 않다. 다만 이런 준비가 덜 된 상태라면 두 해나 세 해 정도 시간을 두고 차분히 준비하길 권한다. 이 과정에서 본문에 나와 있듯이 '논 지도'를 그려보는 것은 아주 색다른 즐거움이다.

이 책은 일하는 순서에 따라 계절별로 정리했다. 봄에는 일이 좀 많다. 그다음 여름과 가을에는 일이 적다. 겨울은 말할 것도 없겠다. 다만 겨울은 벼농사를 둘러싼 여러 포괄적인 이야기를 짚어보았다. '벼농사 인문학'이랄까. 벼농사가 우리네 삶과 얼마나 밀접하게 관계 맺는가를 살펴보았다. 농사에 관심은 있지만 당장 짓지 않는 분이라면 4부(『겨울(자신을 들여다보는 겨울)』)를 먼저 보는 것도 좋겠다.

오늘 하루는 지난 수천 년 역사를 보듬고 나아간다. 벼농사 역시 마찬가지. 오늘날 직파를 한다는 건 어느 날 하늘에서 뚝 떨어진 방법이 아니다. 아주 오래전 야생 벼, 옛날식 직파 그리고 수백 년 이어온 모내기 재배에 대한 경험들을 다 품는다. 이 책 역시 그런 경험들을 집약하고 한 걸음 더 나아가는 데 작은 도움이 되길 바라며 썼다. 앞으로도 여러 경험과 사례들을 모아 계속 보완하면 좋겠다. 아무쪼록 이 책이 규모는 작지만 자연의 모습에 가깝게 생명을 가꾸는 벼농사에 관심 있는 모든 분들에게 도움이 되길 바란다. 또한 요즘은 아이들한테 교육용으로 벼 한살이를 가르치는 교사들이 적지 않은데 이분들한테도 도움이 되면 좋겠다. 직파야말로 뿌리를 다치지 않고, 가지치기를 제대로 하는 벼의 한살이를 온전히 보여주지 않는가.

책 한 권이 나오려면 많은 사람들의 보살핌과 도움을 거쳐야 한다. 지난 한 해는 여기 몇몇 이웃들과 농사 모임을 함께했다. 직파에 대해 공부도 하고, 논 한 다랑이를 함께 실습도 하며 유익한 시간을 보냈다. 이 글을 정리하는 데 많은 도움이 되었다. '흙살림 토종연구소' 윤성희 소장은 토종 벼 현장을 안내해주고 인터뷰에 기꺼이 응해주었다. 농사 관련 책을 꾸준히 내는 안철환 선생은 아주 오래된 벼농사 책을 구해주었다. 내가 몸담고 있는 '정농회'의 주형로 회장을 비롯하여 늘 청년 정농인으로 사는 정운오, 금창영, 전세철, 김광영 씨의 벼농사 경험과 조언 역시 큰 도움이 되었다.

책이 나오기 전부터 내게 강의 요청을 해준 여러 단체와 수강생들에게도 고마움을 전한다. 홍성 귀농지원연구회는 실제로 농사를 짓는 분들의 모임이라 아주 밀도 높은 만남이 되었다. 텃밭보급소와 김포도시농부학교에서 만난 수강생들 역시 글을 쉽게 풀어쓸 수 있게 좋은 질문을 해주었다. 생태적이고 평화로운 삶을 지향하는 전북녹색당 역시 기계 힘을 덜 쓰는 벼 직파 재배에 관심을 보여주어 자리를 함께했다. 무엇보다 여기 이곳에서 나와 함께 농사를 짓는 이장님과 반장님을 비롯한 여러 이웃들이 참 고맙다. 그 밖에도 많은 분들의 도움을 받았다. 내 곁에서 나와 함께 두 해 동안 직파를 함께해준 우리 아들, 사랑한다. 이 책에 삽화를 그려주고, 원고도 꼼꼼히 봐준 내 아내는 사실상 이 책의 공동 저자이다.

끝으로 이 책을 내는 데 이론적인 밑거름이 된 책과 자료집을 소개한다.

『벼와 쌀의 지혜』, 이종훈 지음(한국방송통신대학교출판부)
『쌀농사 이렇게 짓자』, 양환승 외 지음(농민신문사)
『수도작』, 이원웅 지음(향문사)
『강대인의 유기농 벼농사』, 강대인 지음(들녘)
『자급자족농 길라잡이』, 나카시마 다다시 지음(들녘)
『세상을 바꾸는 기적의 논』, 이와사 노부오 지음(들녘)
『벼 무논직파 재배기술 매뉴얼』 농촌진흥청 홈페이지 자료

차례

머리글_ 생명 그 근본에 대한 관심과 사랑 4

1부 봄 보고 또 보고

삽으로 논두렁 깎기 19

논 갈기, 보메기 그리고 논두렁 바르기 25

정성스러운 볍씨 준비 34

섬세한 낫 갈기 48

논두렁 풀베기와 야생 꽃밭 54

로타리와 써레질에 이어 곧바로 볍씨 뿌리기 59

흙탕물 흩뿌림 직파 66

직파 뒤 물빼기와 논 지도 그리기 76

뿌리를 잘 내리게 눈그누기 84

직파 일주일째, 논 고랑(배수로) 내기 89

물과 물꼬를 나와 한 몸처럼 92

무논에서 자라는 풀, 그 기세를 미리 꺾어두자 97

2부 여름 벼한테 말 걸기

직파 보름째, 왕우렁이 넣기 105

여름철 보양식, 왕우렁이 강된장 117

가지치기(분얼)에 대한 이해와 공부 124

솎아심기와 1차 김매기 133

기울어도 다시 일어서는 직파 벼 137

두 번째 논두렁 풀베기, 벌과 독사 조심 144

논물 관리: 물 떼기와 물 걸러대기 150

직파 석 달째, 벼꽃 한창, 풀꽃도 한창 158

논 지킴이: 거미, 청개구리, 사마귀, 잠자리 167

■ 벼 한살이 그림(131쪽)

3부 가을 땅 한 번, 하늘 한 번

짐승 피해와 논 말리기 175

볍씨 거두기와 갈무리 180

콤바인에서 홀태까지, 거꾸로 가는 시간여행 186

볏짚 썰어넣는 작두질 201

논 지도에 따라 논 수평 맞추기 206

쌀겨 거름 뿌리기와 논 갈아엎기 212

자연재배로 나아가는 무투입 농법 216

질의와 응답으로 살펴보는 벼 직파 농법 224

4부 겨울 자신을 들여다보는 거울

날마다 새로운 밥을 짓자면? 235

아내(?)를 위한 '밥상 안식년' 242

논두렁에서 자라는 약초 249

벼농사와 자식농사, 닮은 점과 다른 점 255

논, 벼, 쌀, 밥…… 쉽고도 근본이 되는 한 글자 우리말 261

소비보다 창조하는 문화를 266

〈목숨꽃〉, 노래를 딱 한 곡만 짓는다면? 277

논두렁 산책, 나만의 올레길 284

다양성을 지켜가는 토종 벼 이야기
(흙살림 토종연구소 윤성희 소장님 인터뷰) 290

야생 벼, 그 강인한 생명력 299

얼마나 지어야 자급자족이 가능할까? 307

맺는말_"내년에는 더 잘 할 거 같아" 315

1부
봄
보고 또 보고

   봄이다. 움츠렸던 생명들이 하나둘 깨어난다. 무당벌레 고물고물 기어다니고, 멧비둘기 짝을 찾아 운다. 날마다 달라지는 봄. 새소리도 하루하루 다르다. 멧비둘기를 시작으로 꿩, 청딱따구리, 호랑지빠귀…… 어떤 날은 온 산과 들판 가득 합창을 한다.
   햇살과 바람도 날마다 달라진다. 햇살이 조금씩 길어지면 땅이 녹기 시작한다. 질척이던 땅속까지 다 녹으면 어느 순간 보송보송하다. 걸음을 걸으면 아주 부드럽고 편안하다. 마치 딴 나라에 온 것 같다. 드디어 땅속 얼음마저 사라진 것이다.
   생강나무와 산수유는 찬바람 이겨내고 노란 꽃을 피우고, 뒤이어 매화나무는 봄비 맞으면서도 소담하게 하얀 꽃을 피운다.
   이쯤이면 우리네 몸도 봄을 탄다. 몸이 근질근질. 새로운 꿈을 안고, 한 해 농사를 시작한다.

삽으로 논두렁 깎기

봄, 농사 시작이다. 벼농사에서는 삽으로 논두렁 깎기를 한다. 물론 가을걷이를 마치자마자 해두면 좋다. 하지만 농사를 처음 짓는 사람이라면 봄에 하게 된다.

논두렁을 왜 깎는가? 두 가지 이유가 있다. 하나는 논두렁에 난 구멍을 잘 메우기 위해서. 또 하나는 논두렁에서 자라는 풀의 기세를 미리 꺾어두기 위함이다.

요즘은 기계가 발달해서 들판 너른 논은 웬만하면 논두렁 깎고 바르는 일을 기계로 한다. 하지만 자급형 논은 아무래도 몸으로 하는 게 제격이라 하겠

사진1 깎기 작업이 끝난 논두렁

다. 들판 논도 본인이 선택하기 나름이다. 기계에 의존할 수도 있지만 삽을 가지고 스스로 하는 것도 그 나름 뜻이 있으리라. 논 생명들을 만나는 그 첫걸음이 아닌가.

논두렁에 구멍을 내는 동물들

논두렁에는 겉으로는 잘 보이지 않지만 여러 동물이 산다. 몇 가지만 꼽자면 들쥐, 두더지, 땅강아지, 지렁이, 굼벵이들이다. 동물 처지에서 보자면 가을걷이 끝난 논에는 먹을 게 많다. 들쥐에게 곡식 낟알이란 곧 자신들 목숨이나 다름없다. 논둑 적당한 곳에 굴을 파고, 틈틈이 낟알을 끌어 모아 겨울을 난다. 볏짚을 잘게 썰어두지 않고 다발로 묶어두면 어느 순간 들쥐들이 갉아 조각을 낸 모습을 자주 보게 된다.

그다음 지렁이를 들 수 있다. 지렁이는 유기물이 많은 곳에는 언제나 있다. 제초제나 농약을 치지 않는 논두렁에는 풀이 많기 마련. 특히나 베어낸 풀이 썩어가는 곳이면 어김없이 지렁이가 나타난다. 논두렁은 한 해 동안 서너 번 풀을 베어주기에 지렁이가 많다.

그런데 이 지렁이를 좋아하는 놈이 있으니 바로 두더지다. 이놈들은 지렁이가 어디 있는지를 잘 안다. 두더지는 겨울에는 땅속 깊이 들어가 겨울잠을 잔다. 봄이 되어 땅이 풀리면 깨어나 먹이를 찾는다. 이놈들이 먹이를 찾아 논두렁 여기저기를 돌아다니며 구멍을 낸다.

그런데 이 구멍 역시 쥐구멍과 마찬가지로 겉으로는 잘 안 보인다. 두더지가 땅 위로 모습을 드러내는 일은 드물다. 땅 표면 살짝 아래까지만 돌아다닌다. 그런데 이 구멍을 무시하고 논물을 가두면 언

사진2 삽날에 죽은 굼벵이와 굼벵이가 판 구멍

젠가는 이 구멍이 커다랗게 바뀌어 논두렁을 무너뜨리게 된다.

땅강아지와 굼벵이 역시 작다고 무시할 수 없다. 몸통 둘레가 젓가락 굵기 정도라 이놈들이 다니면서 낸 구멍 역시 그 정도 크기다. 이렇게 작은 구멍이지만 논에다가 물을 넣게 되면 그 작은 구멍으로 물이 샌다. 처음에는 별 차이가 없어 보이지만 그냥 두면 점점 구멍이 커져 나중에는 쥐구멍처럼 걷잡을 수 없게 된다. 그 이미지는 네덜란드 소년 이야기를 떠올리면 쉬울 테다. 한 소년이 둑에 물이 새는 걸 발견하고 밤새 손목으로 그 구멍을 막아 마을을 구했다는 이야기 말이다.

삽을 뒤로 또 옆으로 비스듬히

이제 논두렁을 삽으로 깎는 구체적인 요령을 보자. 논두렁에는 두해살이 또는 여러해살이풀이 겨울을 나고, 봄을 기다린다. 질경이, 잔

사진3 토끼풀의 놀라운 번신력(가을)

디, 토끼풀, 쑥들. 이런 풀의 기세를 미리 잡아두어야 한다. 안 그러면 풀 기세에 벼가 눌린다. 특히 토끼풀은 논두렁에서 군락을 이루어 그 세력이 만만치가 않다. 이른 봄에는 잎이 말라 잘 안 보이지만 가을에 논두렁을 깎을 때 보면 된서리를 맞고도 끄떡없어, 그 기세가 엄청나다.

모내기도 아닌 직파를 할 경우에는 풀 영향을 더 많이 받게 된다. 볍씨는 막 싹이 난 상태인데 그 가까이 풀은 왕성하게 뿌리를 뻗는다고 생각을 해보자. 그래서 삽으로 풀의 생장점 아래 뿌리 부분을 잘라주는 것이다.

자세히 요령을 살펴보자. 사진4처럼 비스듬히 깎아내린다. 뒤로 살짝 기울이면서 또 옆으로도 30도 정도 비스듬히 기울여 깎는 게 좋다. 뭐든 비스듬히 하면 힘이 덜 든다. 논두렁 폭을 위는 10센티미터 정도에서 아래 논바닥에서는 5센티미터 남짓 되게. 먼저 삽을 깎을 위치에 놓고, 뒤로 30도 정도 기울인다. 깎는 깊이는 2~3센티미터 정도로, 논두렁에 자라는 풀이 뿌리째 떨어질 정도면 된다. 너무 많이 깎아내면 다시 바르는 것도 힘들고, 논두렁이 얇아질 위험도 있다. 이렇게 얇으면서도 비스듬히 깎아야 나중에 곤죽이 된 흙을 다시 덧바르기가 좋다. 수직으로 논두렁을 깎게 되면 나중에 흙을 덧바르

사진4 삽으로 비스듬히 깎아내린다.

기가 어렵다. 중력에 따라 자꾸 흘러내리게 된다.

  자세를 잡았으면 이제 힘주어 삽질을 할 차례. 두 손만으로도 힘을 주어 논두렁을 깎을 수 있다. 하지만 아무래도 힘이 부친다. 그보다는 한 발을 삽 위에 올려, 발로 누르면서 깎으면 힘이 덜 든다. 삽이 바닥 밑까지 내려가, 흙이 삽으로 들어오면 이 흙을 조금 앞으로 슬쩍 던지면 된다. 나중에 트랙터로 논을 갈면서 흙과 뒤섞이게 된다.

  이 일은 조금만 해도 허리가 아파온다. 선배 농부들은 말한다.

"논두렁 깎다가 허리 나간다."

  겨우내 힘쓰는 농사일을 쉬다가 봄이 되어 맨 처음 하는 일이 논두렁 깎기인데 첫 일을 무리해서 하면 허리를 다칠 수 있다는 말이다. 하여, 몸을 풀어준다는 기분으로 시작하는 게 좋다. 미리 가볍게 준비운동으로 허리 돌리기를 하면서 천천히 몸을 적응시켜야 한다. 논두렁을 몇 미터쯤 깎아가다가 허리가 살짝 아프다 싶으면 조금 쉬었다 한다. 허리 펴고, 큰 숨을 들이쉬며 숨 고르기도 한다.

그러니 되도록 논두렁을 반복된 자세로 오래 깎지 않도록 한다. 시간에 쫓기다 보면 반복된 자세로 하게 되는데 이걸 오랫동안 계속하면 당연히 무리가 된다.

이연걸 주연의 '무인 곽원갑'이라는 영화를 보면 재미난 모습이 나온다. 한참 손으로 모내기를 하다가 바람이 불어오면 모두가 허리를 펴고, 팔을 벌려 바람을 맞는다. 허리를 펴준다는 뜻만이 아니라 바람을 온전히 몸으로 맞이하는 모습이 인상적이다. 한 사람만이 아니라 여러 사람이 같이 그렇게 하니 마치 무슨 의식을 거행하는 듯 거룩하기까지 하다. 이 과정에서 곽원갑은 강하고 빠른 것만이 전부가 아니라는 걸 농사꾼한테 배우게 된다.

지난해는 몇몇 이웃들과 우리 논 한 다랑이를 함께 직파로 농사를 지었다. 그런데 한 분은 소아마비 여성. 이분이 논두렁 깎는 걸 보니 새삼 콧날이 시큰하다. 걸음 자체가 불편해서 아예 한쪽 무릎을 꿇고 삽으로 논두렁을 깎는다. 대신에 천천히. 시간에 크게 구애받지 않고. 그런데 논두렁을 깎은 모양새는 그 누구보다 매끄럽다. 천천히 정성으로 하니 그런 게 아닌가 싶다. 농사를 많이 그리고 빨리 하려고 하니 힘이 들고, 남성이나 기계에 의존하게 된다. 하지만 천천히 그리고 생명살이에 충실하면 나이와 성별, 장애조차 크게 걸림이 되지 않는다는 걸 우리 이웃은 잘 보여준다.

논 갈기, 보메기 그리고 논두렁 바르기

논두렁을 다 깎았으면 이제 논을 갈아준다. 이때는 마른 로타리를 쳐준다. '로타리 친다'는 말은 흙을 곱게 부순다는 뜻이다. 트랙터나 관리기 뒤에 여러 개의 원형 칼날을 달고서 이를 아주 빠른 속도로 돌리면서 앞으로 나아가게 된다. 보통 가을걷이가 끝난 뒤에는 날이 긴 쟁기로 깊이갈이를 하고, 봄에는 짧은 날로 얕게 갈아준다. 이 마른 로타리는 말 그대로 논바닥이 마른 상태에서 한다.

사진1 **트랙터로 논 갈기**

비가 온 뒤 논이 젖어 있으면 좋지가 않다. 그 이유는 로타리 치다가 흙이 칼날에 엉겨 붙어 일이 아주 어려워지기 때문. 그렇다고 물을 가두고 난 다음 로타리를 치게 되면 흙이 너무 곱게 곤죽이 되어 그 뒷일이 역시 어려워진다. 뒷일이란 논두렁 바르기인데 논흙이 물처럼 되어 논둑에서 그냥 흘러내려 말짱 도루묵이 된다. 때문에 논두렁을 바르기 전에 마른 로타리를 친 다음 논에 물을 대면 좋다. 가을걷이 끝난 뒤 논을 갈아둔 상태라면 논두렁 앞쪽만 마른 로타리를 한 번 더 치면 일이 쉽다.

이웃과 함께하는 보메기

논에 물을 대려면 보메기를 먼저 해야 한다. 보메기란 보(저수지)나 강에서 흐르는 물을 논으로 끌어들이기 위해 농수로(봇도랑)를 손봐주는 걸 말한다. 논농사를 위한 봄맞이 청소라고 이해하면 쉽다. 그러니까 논마다 물을 대려면 거기에 걸맞게 물길이 있어야 한다. 벼농사 젖줄인 셈이다. 이 물길을 농수로 또는 지역에 따라 봇도랑이라고 한다.

이 농수로는 가을에 벼가 익으면 그 해 역할이 끝난다. 이때부터는 논으로 물을 대기보다는 반대로 논을 말려야 하니 농수로로 들어오는 물을 끊어버린다. 그러고는 보통 봄이 올 때까지 그냥 버려둔다. 그동안 이 농수로에는 낙엽과 모래가 쌓인다. 보메기 때 바로 이런 낙엽과 모래를 치우고 무너진 농수로를 고쳐, 언제든 논으로 물을 넣을 수 있게 한다.

보메기는 지역에 따라 많이 다를 수 있다. 즉 관개시설이 잘된 곳은 일이 많지 않다. 그저 농수로를 청소하고 들머리를 조금 손봐주는 정도면 된다.

산간지대는 보메기가 제법 큰일이다. 산이라는 특성이 크게 작용한다. 도랑을 따라 흐르는 물 흐름이 들쑥날쑥한 편이다. 비가 많이 오면 계곡이 범람하듯이 흐른다. 덩달아 봇도랑이 터지곤 한다. 비가 그치면 곧바로 보수를 해야 한다. 가뭄이 들기라도 하면 조금이라도 물을 더 끌어들이기 위해 행여나 중간에 물이 세는 곳이 없나 점검하는 등 여럿이 힘을 모아야 한다.

산골은 나무가 많다. 한 해 동안 봇도랑 둘레에 있는 나무들이 쑥쑥 자라, 물길을 가로막곤 한다. 특히 칡 줄기는 둘레를 온통 뒤덮는다. 찔레나무 역시 왕성하게 자라, 사람 접근을 막는다. 이 외에도 온갖 잡목과 풀들이 기세등등하게 자라기 때문에 보메기에 상당한 노력을 들여야 한다.

보메기는 지역과 날씨에 따라 다르지만 보통 일 년에 두세 번 하게 된다. 봄에 논으로 처음 물을 대기 전에 한 번, 그리고 너무 가물

사진2 이웃과 함께하는 보메기

거나 폭우가 쏟아져 농수로가 망가지면 그때마다 한다. 물론 날씨 기복이 적어 봄철에 한 번만 하고 농사를 지은 적도 여러 번 있다.

보메기를 좀 쉽게 하는 방법은 한가한 겨울철에 일을 조금 하는 거다. 봇도랑 둘레에 자라는 나뭇가지들을 겨울에 미리 베어주면 좋다. 풀 역시 마찬가지. 겨울에 봇도랑 근처에 말라 있는 억새 같은 풀이나 농수로에 쌓인 낙엽을 끌어다가 퇴비를 만들면 이듬해 보메기 때 일이 한결 줄어든다. 이때는 일이라기보다 몸 움직임이 부족한 겨울철 운동이라 여기고 하면 더 좋다. 바쁜 농사철에 봇도랑 둘레 나무들을 다 베어주자면 여간 성가신 게 아니다.

보메기는 여럿이 어울려 하게 된다. 봇도랑을 함께 쓰는 이웃들 모두. 우리가 농사짓는 이곳 전북 무주군의 한 산골을 기준으로 보자면 봇도랑 하나로 만여 평 논농사를 짓는다. 한동안은 함께 보메기 하는 사람이 열댓 명 정도까지 되었다. 이 보에서 가장 농사를 많이 짓는 사람이 보메기 대표인 보주가 되어 연락과 회계 그리고 참을 책임졌다. 보메기를 하다가 중간에 먹는 참은 꿀맛이다. 참 시간에 이런저런 마을 이야기와 정보도 주고받는다.

요 몇 년 사이 돌아가신 어른도 많고, 또 연로하셔서 농사를 손 놓으신 분도 있다. 지금은 새로 귀농한 젊은이들로 재편되고 있다. 이제는 다섯 사람 정도가 한다. 그 사이 수로 정비도 새롭게 되었고, 젊은이들과 함께하니 한결 할 만하다. 그 가운데 아들도 있으니······.

논두렁 바르기와 논물 가두기

보메기를 하고 나면 이제 논으로 물을 댄다. 이때 알맞게 대야 한다.

사진3 괭이로 흙을 논두렁 쪽으로 끌고 오기

자작자작하는 정도. 더 구체적으로 말하자면 사진3에서 보듯이 로타리 친 흙이 반쯤 보이고 반쯤은 물에 잠긴 정도가 좋다. 물을 너무 많이 대면 흙을 끌어다 논두렁에 붙이기가 어렵고, 물이 너무 적으면 흙을 곤죽으로 만들기가 어렵다.

논에 물을 잘 가두기 위해 논두렁을 다시 단장하는 일을 '논두렁 바르기'라고 한다. 이를 소홀히 하여 논물이 많이 새어나가면 논두렁이 터질 위험이 높다. 또 가둔 물이 많이 새면 그만큼 물꼬로는 찬물이 계속해서 새로 들어와야 해서 벼가 자라는 데 좋은 환경이 되지 못한다. 들판 논은 넓고 논두렁도 낮은 반면 산골 논은 산비탈에 서 있어 논두렁이 높고 가파르다.

논두렁을 바르는 시기는 당시 날씨에 따라 다른데, 가물 것 같으면 직파 한 달 전쯤부터 하는 게 좋다. 보통은 20일쯤 전이면 무난하다. 농수로로 흐르는 물이 넉넉하면 직파 열흘 전쯤이면 더 좋다. 일찍 하여 논물을 미리 많이 담아놓으면 논 생물들에게는 크게 도움이 되지만 사람 처지에서는 계속해서 마음을 써서 관리해야 하기에 일이 늘어난다.

반면에 너무 촉박하게 하면 이웃 사이 물싸움의 빌미가 된다. 자기 논에 논물을 급하게 대면 물을 함께 쓰는 다른 논에 피해가 가기 때문이다. 논은 생각보다 넓어서 필요한 만큼 물을 한두 시간 만에 금방 댈 수가 없다. 며칠에 걸쳐 서서히 대야 한다. 앞에서 이야기했듯이 논물을 가두는 일을 한 달 전부터 마음에 담아두었다가 형편껏 하면 된다. 그게 이웃을 위해서도, 또 논을 위해서도 좋다. 급하게 물을 대려고 하면 논과 논두렁한테도 무리가 따른다. 전혀 예상하지 않은 구멍으로 물이 새면 무리하게 물을 대는 만큼 논두렁이 망가질 위험도 커진다. 또한 보와 봇도랑을 거쳐 논으로 들어오는 물은 혼자만의 것이 아니라 그 물로 농사짓는 이웃 모두의 것이다.

논두렁 바르기에 아주 구체적인 날짜는 비가 오고 난 다음 날이 좋다. 논흙이 고루 촉촉하게 젖어 있어 논두렁 바르기가 수월하다. 또 비 온 바로 뒤에 밭일은 흙이 질척거려 일하기가 어렵지만 물과 함께하는 논일은 무리가 없다. 반면에 논두렁 바른 다음날 비가 온다는 예보가 있으면 논두렁 바르는 일을 해서는 안 된다. 바른 흙이 덜 굳은 상태로 다음 날 비를 맞으면 제대로 굳지 않고 많이 흘러내릴 터이니.

이제 구체적으로 이야기를 해보자. 우선 준비물로 괭이와 삽을 챙긴다.

1. 앞서 사진3에서 보듯이 괭이를 논 앞으로 1미터 정도 죽 뻗어 흙

을 논두렁으로 끌어온다. 이때 천천히 끌어야 한다. 안 그러면 일도 힘들지만 당기는 과정에서 흙이 대부분 물살에 흩어진다. 천천히 당기는 과정에서 흙과 물을 반죽하는 효과도 있다. 내가 흙과 한 몸이라는 기분으로 당긴다.

끌어당긴 흙을 논두렁 위에 한 뼘 정도 올려둔다. 한 번에 흙이 충분하지 않으면 한 번 더 끌어온다. 논흙이 봉긋이 모여 있을 경우에는 괭이보다 삽으로 흙을 퍼, 논두렁으로 옮기는 게 좋다. 끌어당긴 흙과 물의 반죽이 부족하다 싶으면 장화 신은 발로 물을 살짝 끼얹어 가면서 자작자작 밟아 곤죽이 되게 한다.

2. 이런 식으로 논두렁을 따라 한 5~6미터 정도를 나간 다음, 처음 자리로 다시 가서 삽으로 마무리를 한다. 이렇게 하는 건, 1의 일을 해놓은 곳이 그 사이 물이 웬만큼 밑으로 빠진 상태라 흙이 적당히 굳어 삽으로 마무리하기가 좋기 때문이다. 삽날 뒤쪽으로 흙벽을 미장하듯이 좌우로 왔다 갔다 하면서 들쑥날쑥한 논두렁을 매끈하게 하고 또 논두렁 가운데를 조금 봉긋하게 한다. 글로 설명하자니 좀 복잡한 거 같다. 직접 해보면 요령을 터득하게 된다.

사진4 물이 웬만큼 아래로 빠지면

사진5 삽으로 되도록 보기 좋게 마무리

오래전부터 이 일을 해온 마을 어른들은 솜씨가 좋아, 논두렁 바르기가 끝난 논을 보면 거의 예술작품에 가깝다. 처음 이 일을 하면 생각처럼 잘 안 되는 데다가 무척 힘이 드는데, 그때는 삽 대신 두 손으로 논두렁에 쪼그리고 앉아 미장일을 하듯 정성껏 발라주는 것도 한 방법이다. 여기 이웃 여성 한 분이 그렇게 한다. 흙을 제대로 주무르게 된다.

힘든 일 역시 자꾸 하다 보면 자신의 자세를 돌아보게 된다. 얼른 일을 끝내는 걸 목표로 삼기보다 자세를 바꾸어가면서 꼼꼼하고 차근차근하는 것이 좋다. 오른손 왼손을 번갈아 쥐고, 발도 오른발 왼발을 고루 쓰며, 허리도 조금 굽혔다가 많이 굽혔다가, 가끔은 허리 펴고 둘레 산을 바라본다.

참고로 예전 농사꾼들은 벼 한 포기라도 더 심으려고 논두렁을 좁게 하였다. 논두렁 폭이 20센티미터 심지어 10센티미터 남짓하기도 하였다. 하지만 새롭게 귀농하는 젊은이들은 벼 한 포기보다 논 관리를 쉽게 하고자 한다. 길게 보면 그게 더 좋다. 논 관리에 자신감이 커질 테니까. 폭을 30센티미터 이상까지 넉넉하게. 논두렁 높이 역시 20센티미터 이상 해두면 좋다.

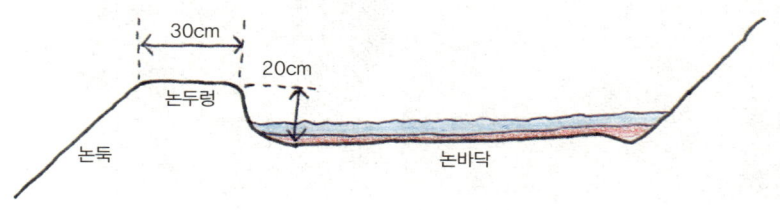

그림1 논두렁의 높이와 폭

기존의 낮고 좁은 논두렁을 이런 식으로 한꺼번에 바꾸려면 역시 힘이 많이 든다. 이 일 역시 시간을 넉넉히 두고 하면 좋다. 여러 해를 두고 조금씩 보완한다. 논둑을 깎을 땐 얇게 깎고, 바를 땐 두툼하게 바르며 해마다 조금씩 두껍게 만들면 된다. 이렇게 하면 논두렁도 잘 안 터지고, 우렁이도 논두렁을 타고 넘어가기 어려울 정도라 관리하기 좋고, 사람 역시 논두렁을 편하게 다닐 수 있다.

　논두렁 바르기를 한 뒤부터는 논이 마르지 않을 정도로 물을 계속 대주어야 한다. 논이 말라버리면 논바닥이 갈라지기에 논두렁 바른 효과가 크게 떨어진다. 그렇다고 물을 너무 많이 대면 수압이 높아져 이 역시 위험하다. 그러니 물이 자작자작한 정도를 유지한다. 이렇게 논두렁을 바르고 물을 댄 뒤부터는 논두렁을 가끔 살펴야 한다. 두더지가 언제 구멍을 낼지 모르기 때문이다.

정성스러운 볍씨 준비

씨앗 고르기

오늘날 볍씨는 저 스스로 씨앗을 퍼뜨리는 힘을 많이 잃어버렸다. 대부분 씨앗은 다 익으면 저 스스로 땅으로 떨어져 다음 자식을 남긴다. 야생 벼도 그랬다. 까락이 긴 토종 벼 가운데도 때가 되면 낟알 스스로 이삭에서 떨어지는 품종이 있다. 그런데 오늘날 재배 벼는 그렇지가 못하다. 사람이 거두고 낟알 하나하나 훑어주어야 한다. 수천 년 동안 사람한테 길들여진 셈이다. 좋게 말하면 벼가 사람을 믿고 맡긴다고 할까.

사람은 그 믿음에 보답을 해야 한다. 튼실한 씨앗을 고르는 일은 사람은 물론 벼한테도 더없이 소중한 과정이다. 이때만큼은 사람과 벼의 이해가 같아 한 몸이 된다.

씨앗으로 거둔 나락 가운데 튼실한 걸 다시 고르려면 순서대로 하는 게 좋다. 자연의 힘을 이용한다. 바람과 소금물이다.

볍씨를 고를 때 가장 많이 쓰는 방법이 소금물을 이용하는 거다.

한자로 염수선[鹽水選]이라 한다. 소금물을 적당한 비중으로 맞춘 다음 볍씨를 여기에 담가, 가라앉는 걸 씨앗으로 한다. 소금물에 뜨는 씨앗은 뜰채로 다 건져낸다.

사진1 소금물에 뜨는 씨앗은 걸러낸다.

그런데 일에는 순서가 있다. 처음 농사를 지을 때는 누군가에게 씻나락을 얻어오겠지만 손수 농사를 지어 씨를 받는다고 쳤을 때 해야 할 일의 순서다.

만일 처음부터 씻나락을 염수선하면 뜨는 것도 많고, 이삭째 떨어진 것들을 골라내는 것도 큰일이 된다. 볍씨는 알 하나하나가 튼실하기도 해야 하지만 이삭줄기에서 떨어져 있어야 한다. 그래야 그 뒤에 이어지는 여러 일들이 매끄럽게 된다.

콤바인으로 거둔 나락은 이삭째 떨어진 경우가 드물지만 그 대신 그만큼 고속으로 회전하였기에 껍질 속 쌀알이 깨지는 경우가 가끔 있다. 쌀알에 금이 가면 당연히 씨앗으로도 좋지 않다. 싹이 트는 과정에서 썩을 위험이 높다. 그러다 보면 다른 씨앗한테도 피해를 준다.

여기 견주어 발탈곡기나 홀태로 거둔 씨앗들은 작은 이삭째 떨어진 것들이 있어 이를 골라내야 한다. 먼저 바람을 이용한다. 가을걷이 끝난 뒤 또는 이른 봄, 조금 센 바람이 불 때 하면 효과가 좋다. 말하자면 바람수선, 바람 고르기다.

준비물로는 1킬로그램 남짓 씨앗을 담을 수 있는 바가지와 바닥에 까는 갑바(천막). 구체적인 방법은 바람이 불 때 나락을 한 바가지 담아 들고 아래 갑바에다가 서서히 나락을 내리는 거다. 그럼 나락이 무거운 순서로 빗금을 그으며 떨어진다. 가벼운 것들은 바람 방향으로 비스듬히 멀리 날아가고, 튼실한 것들은 수직에 가깝게 떨어진다.

이때 작은 이삭째 떨어지는 쎗나락 역시 충실한 낟알보다 조금 멀리 떨어진다. 줄기가 바람 영향을 받기 때문이다. 이렇게 이삭째 떨

사진2 얼개미로 고르기

어지는 씨앗은 콩을 고르는 굵은 채(얼개미)로 걸러낸다. 큰 통을 아래에 두고 그 위에서 씨앗을 채에 넣고 흔들어준다. 낟알은 구멍으로 빠져 통에 담기고 이삭은 채에 남는다.

　이제 가장 중요한 소금물 고르기를 할 차례. 소금물을 풀 때 염도계로 측정하면서 하면 좋긴 하다. 하지만 볍씨 고르기에서는 아주 정밀할 필요는 없기에 보통 달걀을 쓴다. 소금물에 달걀을 넣어 비중을 대략 알아보는 방법이다. 달걀이 소금물 위로 100원짜리 동전 정도만큼 뜰 정도의 비중은 1.10, 옆으로 누울 정도는 1.13, 소금물 바닥에서 바로 서는 정도는 1.08로 본다. 볍씨에 따라 비중을 조금 달리해야 한다. 메벼는 비중 1.13에 가깝게 하고, 찰벼와 검은벼는 이보다 비중을 낮추어 1.10, 밭벼는 1.08로 한다. 만일 검은벼를 메벼에 가까운 염도의 소금물에 담그면 거의 다 뜨고, 가라앉는 씨앗은 얼마 되지 않는다. 그리고 비중을 조금씩 올릴 때마다 아주 많은 소금이 든다.

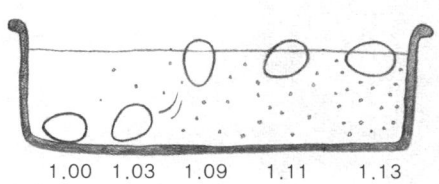

그림2 달걀로 소금물 농도 알아보기

　이 과정에서 꼭 확인해야 할 것이 있다. 과연 이 달걀은 싱싱한가? 우선 손으로 달걀을 잡고 흔들어보면 가늠할 수 있다. 상한 달걀은 알끈이 떨어져 있어 껍질과 달걀 속이 따로 논다. 흔들면 안에서 꿀

렁꿀렁 흔들리는 걸 느낄 수 있다.

한번은 봄에 낳은 달걀 10개 정도를 흔들어보았다. 낳은 지 두어 달이 지난 거라 그런지 몇 개가 흔들린다. 이런 달걀들은 병아리로 깨어나기가 어렵다. 그렇다면 흔들리지 않는다고 다 싱싱할까? 실험 삼아 맹물에다가 달걀을 몇 개 넣어 보았다.

그랬더니 놀라운 결과가 나온다. 완전히 가라앉는 달걀이 있지만 여전히 물 위로 동동 뜨는 달걀이 있고, 심지어 맹물 중간쯤에 떠 있는 달걀도 있다. 조금 당황스러워 가장 최근에 낳은 달걀 하나를 새로 넣었더니 볼 것도 없이 바로 물속으로 가라앉으며 바닥에서 옆으로 누웠다. 흔들어보는 정도 가지고는 씨앗을 고르는 표준 달걀로 삼기에는 어림도 없다는 증거다. 소금물 농도의 기준을 달걀로 하려면 꼭 확인해야 할 절차다.

사진3 달걀도 씨앗이다.

여기서 번개처럼 생각 하나가 뻗어나간다. 달걀도 씨앗이 아닌가. 그렇다. 병아리가 되는 씨(알)다. 이 역시 알이 싱싱하게 살아 있어야 어미닭의 품에서 병아리로 태어난다. 예전에 어미닭이 품은 알 중 꼭 한두 알씩은 병아리가 안 되고 곯아버리곤 했다. 심지어 여덟 알을 넣어주었는데 두 마리만 까는 경우도 있었다. 이제 어느 정도 그 답을 찾은 거다. 생명을 다루는 기준이란 얼마나 변수가 많은가. 심지어 죽은 잣대로 산 생명을 재고 앉은 꼴이 되었으니 더 말해 무엇하랴.

다시 강조하자면 씨앗을 고르는 잣대로 달걀을 이용하려면 이 달걀부터 먼저 튼실하고 싱싱한 걸로 해야 한다. 그리고 소금물로 볍씨를 가린 다음에는 맹물로 잘 씻어주어야 한다. 소금물에 오래 두거나 제대로 씻지 않으면 싹이 잘 안 튼다.

볍씨를 조금 넉넉히

벼 직파를 세 번째 하던 해였다. 아내가 내게 한마디 한다. 제초제를 치지 않고 하는 직파 재배에 대한 경험이 우리 사회에서 아주 드무니 꼭 기록하라고. 나 역시 일할 당시는 기록해야지 싶다가도 어찌어찌하다 보면 때를 놓치곤 했다. 기록을 남겨두지 않다 보니 농사철이 다가오면 우선 나부터 헷갈린다. 지난해 볍씨를 얼마나 했더라? 언제 볍씨를 물에 담갔지? 이러다 보니 다시 하려면 이것저것 알아보고 궁리를 해야 했다.

아내 말대로 기록을 하고 이를 토대로 겨울에 보완하고 또 이듬해 다시 수정을 여러 번 하다가 드디어 이렇게 책으로 엮게 되었다. 누구나 자기만의 농사로 넘어가기 위해서는 기록을 하면 좋겠다.

볍씨 양을 얼마로 하나? 직파에서는 변수가 좀 많다. 새나 왕우렁이가 먹어치울 수도 있고, 논바닥 깊이 차이에 따라서도 씨앗이 싹 트는 정도가 다르다. 이를 감안하여 조금 넉넉히 한다. 나는 10a당 7킬로그램으로 한다. 새 피해는 지역에 따라 또 직파 상태에 따라 다르다. 비둘기 같은 새는 한 번 알게 되면 떼로 몰려들어 볍씨를 먹기도 한다.

 또한 풀을 잡기 위해 왕우렁이를 넣게 되는데, 이놈들이 벼를 일부 먹기도 한다. 특히나 직파는 벼가 어릴 때 넣어야 하기 때문에 모내기 벼에 견주어 조금 넉넉히 볍씨를 준비한다.

 논바닥이 깊은 곳에서는 벼가 제대로 싹트지 못한다. 이런 여건을 감안하여 볍씨를 조금 넉넉히 준비하는 거다. 그렇다고 지나치게 많이 뿌리면 쓰러짐이 심하거나 병해충에 약하게 된다. 논바닥이 고르다거나 새가 날아들기 어려운 곳이라면 볍씨를 10a당 5킬로그램 정도 해도 된다.

뜨거운 물 소독과 싹 틔우기

▶뜨거운 물 소독

볍씨를 싹 틔우기 위해 물에 담그기 전에 먼저 소독을 한다. 이 과정은 볍씨에 붙은 잡균을 소독함과 동시에 싹 트기를 고르게 하는 데도 도움이 된다. 이런 소독법이 가능한 건 볍씨가 아직 깨나기 전, 그러니까 잠을 자고 있기 때문이다. 65도에 일정 시간을 두면 볍씨 거죽에 붙어 있는 곰팡이류의 잡균이 죽는데 이를 '파스퇴르 소독법'이라 한다. 내가 농사 교육을 받고 처음으로 이렇게 하려고 하자 마을 어른들은 펄쩍 뛰며 말도 안 된다고 했다. 볍씨를 어떻게 뜨거운 물에 담그느냐? 다 익어버리면 어떻게 하냐? 걱정을 하셨다. 점차 환경농업이 늘어나면서 요즘은 이렇게 뜨거운 물에 소독하는 볍씨소독기가 나오는 세상이 되었지만 말이다. 그렇다 하더라도 뜨거운 물에 담그는 만큼 물 온도, 담그는 시간을 어느 정도 지켜야 한다.

> **준비물**
> 망사로 된 포대, 망사에 담을 볍씨, 볍씨 부피의 세 배 이상 되는 들통이나 드럼통, 온도계, 시계

이때 볍씨는 아직 잠을 자고 있는 볍씨여야 한다. 앞에서 말한 대로 겨우내 잠자던 씨앗 가운데 충실한 것들로 고른다. 만일 볍씨를 물에 오래 담가, 깨어난 뒤 뜨거운 물에 넣으면 마을 어른들 말씀처럼 속이 익으리라.

볍씨를 뜨거운 물로 소독하거나 흐르는 물에 담그려고 할 때는 물 빠짐이 좋고 볍씨를 담아둘 수 있는 망사로 된 포대에다가 넣어서 하는 게 좋다. 물에 담근 볍씨를 가끔 저어주거나 가끔 물 밖으로 꺼내기도 해야 하기에 망에다 넣어두면 여러 모로 좋다. 메벼, 찰벼, 흑미를 각각 다른 망에 담고, 망마다 자신이 알아차릴 수 있게 표시를 한다.

사진4 검은 망에 두면 관리가 쉽다. 소독침종

뜨거운 물 소독은 65도 정도 물에다가 7분 남짓 담근다. 여기서 65도나 7분은 대략적인 수치다. 생명에서 딱 부러지게 정확한 기준은 없다. 하지만 어느 정도는 맞추어야 한다. 들통에 씨앗 부피의 두 배 정도 물을 담고 열을 가해 온도계로 온도를 잰다. 65도 남짓 오르면 불을 약하게 하고서 볍씨를 넣는다.

볍씨를 넣고 고루 저으면 4~5도 정도 온도가 떨어진다. 천천히 저어주다 보면 다시 서서히 온도가 오른다. 65도를 넘지 않게 하고 7분 정도 되면 꺼내서 찬물에 담가 식히고 다음 단계인 볍씨 싹 틔우기로 들어간다.

▶물에 담그기와 고르게 싹 틔우기

자연 상태 볍씨는 고르게 싹이 트지 않는다. 이삭 하나에 100여 개 꽃을 피울 때 먼저 피는 녀석과 늦게 피는 녀석 사이에 일주일쯤 차이가 난다. 논 전체로 보면 직파에서는 20일 남짓 차이가 난다. 싹이 트는 것도 어느 정도는 들쑥날쑥하다. 이게 볍씨 처지에서는 자신의 씨를 이어가는 지혜다. 싹이 나 자라다가 가뭄이나 홍수를 만날 수도 있고, 짐승 피해를 입을 수도 있다. 이런 예기치 않는 자연환경에 맞서 살아남기 위해 여러 차례 싹이 나고 꽃이 피고 열매를 맺고자 한다.

하지만 사람 입장에서는 벼가 바라는 대로 내버려두기만 하면 제대로 일이 안 된다. 싹이 먼저 나는 놈을 먼저 뿌리고 나중에 나는 놈을 나중에 뿌릴 수는 없지 않은가! 이럴 때는 사람과 벼가 서로 처지가 다르다. 볍씨가 한꺼번에 가지런히 싹이 나야 그 뒤에 이어지는 여러 일 역시 순리대로 할 수 있다. 볍씨를 뿌릴 때도 하루 만에 뿌리지만 특히나 가을에 나락을 거두는 콤바인 작업은 기계 값이 워낙 비싸기에 넓은 면적을 한 번에 하려 한다.

고르게 싹을 틔우기 위해서는 여러 가지 요령이 필요하다. 충실한 볍씨를 고르는 것, 뜨거운 물로 짧은 시간에 담그는 것 그리고 흐르는 자연수에 오래도록 담가두는 것, 싹이 튼 볍씨는 물을 뿌려가며 며칠 더 키우는 일들을 해주게 된다.

벼는 그 고향이 아열대인 만큼 따뜻한 날씨와 물을 좋아한다. 벼가 자라기에 가장 좋은 생육 온도는 30~34도 정도이고, 가장 낮은 온도는 13도, 가장 높은 온도는 44도. 직파는 자연재배에 가깝기에 바로 이 성질을 잘 살려야 한다.

가능하면 좋은 조건에서 자라야 잡초와 경쟁에서 유리하며, 가지치기도 잘하고, 병해충에도 강하게 된다. 직파가 가능한 날짜는 지역에 따라 다른데, 우리나라는 보통 5월 초에서 5월 말까지로 잡는다. 너무 이르면 온도가 낮아 풀과 경쟁에서 밀리고, 너무 늦으면 생육기간이 줄어 가지치기를 제대로 해내지 못한다. 벼 직파의 핵심은 싹을 틔운 다음에는 다른 잡초와 경쟁에서 우위에 서게 해야 하는 것. 잡초와 경쟁에서 이길 수 있으면 직파 재배는 반쯤 성공한 거나 다름없다.

우리 동네는 해발 400미터 고랭지다. 우리 동네에 서리가 사라지는 때가 입하이자 어린이날인 5월 5일쯤. 나는 이때 볍씨를 물에 담근다. 더 자세한 날짜는 그 해 날씨를 가늠하여 결정한다. 가장 중요한 날씨 조건이라면 마지막 서리가 언제쯤 내리느냐로 가늠한다. 어느 해는 냉해가 심해 5월 5일 최저 기온이 2도에 무서리가 내렸다. 이틀쯤 기다리자 최저 기온이 8도, 최고 기온은 24도가 되어 그때 볍씨를 물에 담갔다.

 그러니까 직파를 5월 중순쯤에 한다면 대략 입하 무렵에 볍씨를 흐르는 자연수에 담그면 된다. 볍씨는 싹이 틀 수 있는 온도를 합산해서 100도 정도면 웬만큼 물을 머금게 된다. 그러니까 평균 수온이 15도 물이라면 7일 정도면 볍씨가 싹이 틀 만큼 물을 머금는다. 천천히 물을 머금을수록 고르게 싹이 트는 데 도움이 된다. 그러니까 되도록 흐르는 자연수에 담그는 게 좋다. 만일 따뜻한 물이나 고인 물에 볍씨를 담아야 한다면 며칠 만에 싹이 난다는 걸 마음에 두고 여기에 맞추어 직파 날짜를 잡아야 한다.

 평균 수온이 15도라면 3일 정도는 그냥 물에만 담가 바싹 말랐던 볍씨가 물을 먹도록 해준다. 그리고 나면 볍씨는 깨어날 준비를 한다. 그 뒤부터는 가끔 숨을 쉬게 해준다. 하루에 한두 번 정도 볍씨를 물 밖으로 꺼내 한두 시간 놔두어 공기와 만나게. 직파 날짜가 다가

사진5 공기를 호흡하여 씨뿌리와 싹이 같이 자라는 볍씨(왼쪽), 물에 잠긴 볍씨(오른쪽)

올수록 자주 끄집어내어준다.

물속에만 계속 두면 싹이 틀 때 뿌리는 자라지 않고 잎(초엽)만 웃자라게 된다. 사진5를 보면 왼쪽 볍씨는 가끔 밖으로 끄집어내어 뿌리와 잎이 함께 고르게 자랐다. 반면 계속해서 물속에만 둔 볍씨는 오른쪽에 보이는 것처럼 뿌리는 나오지 못하고 초엽만 길게 자란다. 한눈에 봐도 불안정하다. 초엽에 이어 나와야 할 본잎은 여전히 초엽 속에 들어 있어, 나오지 못한다. 정상적인 조건의 볍씨는 보통 뿌리(씨뿌리)가 싹보다 먼저 나온다.

싹이 트기 시작하면 볍씨를 건져 고루 싹틔우기를 한다. 한 포대에 들었던 볍씨를 두 포대로 나눈다. 볍씨가 싹이 틀 때는 호흡 작용을 활발하게 하면서 열이 난다. 이 열을 식혀주어야 한다. 바닥에 갑바를 깔고 되도록 포대에 담긴 볍씨 두께를 10센티미터 이내로 하여 검은 망을 씌워 반쯤 그늘지게 한다. 그리고 서너 시간마다 물을 흠뻑 뿌려준다. 가끔 한 번씩 위아래를 뒤집어준다. 볍씨가 건조되는 것도 막고, 볍씨에서 열이 나는 걸 식히기도 해야 하기 때문이다. 밤에는 자기 전에 한 번쯤 흠뻑 물을 뿌려주면 된다. 밤에 온도가 많이

사진6 막 촉이 트는 볍씨

사진7 싹이 난 볍씨를 검은 망사 포대에 나눈다.

떨어져 냉해가 걱정되면 보온 덮개를 덮어준다.

여기서 또 하나 주의할 점. 마을 어른들 가운데 가끔 볍씨 싹 틔우기를 실패하여 못자리를 여러 번 하는 어른이 계셨다. 그 이유를 따져보니 빨리 고르게 싹을 틔울 작정으로 뜨거운 방에 많은 볍씨를 한꺼번에 둔 탓이었다. 볍씨는 싹이 트면서부터는 호흡을 활발하게 한다. 나름 한해살이를 힘차게 시작하려는 거다. 볍씨 한 알이라면 크게 문제될 게 없다. 그런데 수많은 씨앗이 한곳에 모였을 경우에는 큰 문제가 된다. 수많은 씨앗이 내뿜는 호흡으로 씨앗 속 온도가 크게 올라간다. 호흡에 필요한 산소는 적고, 온도는 올라가니 속에 든 볍씨들은 말하자면 숨이 막혀 죽어버린다. 이 현상은 밀이나 보리로 엿기름을 기를 때도 나타난다. 때문에 얇게 펼쳐두고 자주 물을 뿌려주어야 한다.

▶싹은 얼마나 틔워야 할까?

관행논에서 못자리를 할 때나 기계로 직파를 할 때는 볍씨에 촉만 살짝 틔워서 한다. 기계는 아무래도 빠른 속도로 일을 하기 때문에

사진8 싹이 5밀리미터 정도 자란 3일째 볍씨

촉이 많이 자라면 손상을 입게 된다.

  손으로 흩뿌림 직파를 할 경우는 조금 더 자유롭다. 촉이 튼 상태에서 해도 되지만, 이때는 싹이 고르게 나기 어려우니 2, 3일 더 지나 볍씨 싹을 3~5밀리미터 정도까지 키우는 게 더 좋다. 싹이 튼 볍씨를 3일 정도 상온에서 물을 뿌려가며 키우다 보면 뿌리와 잎이 함께 고르게 자란다. 물론 촉만 난 볍씨를 뿌릴 때보다는 좀 더 조심조심 어루만져야 한다. 이렇게 싹을 키워서 뿌리는 게 풀과 경쟁에서도 한결 유리하다.

섬세한 낫 갈기

이제 볍씨를 물에 담근 다음 논 둘레 풀을 베어주어야 한다. 한 해 농사를 짓자면 풀과의 싸움은 피할 수 없다. 최소한 세 번은 풀을 베야, 한 해 농사가 끝이 난다. 풀베기는 그만큼 중요하다. 이 일을 잘 하자면 여러 가지가 필요한데, 이 장에서는 풀 베는 연장인 낫에 대해서 이야기를 해보자. 이제는 예초기가 흔한 세상이지만, 풀 베기에는 낫이라는 도구가 기본이다.

낫은 크게 조선낫과 왜낫으로 나눈다. 조선낫은 나뭇가지를 자를 수 있게 튼튼하게 만들었다. 대신 무겁다. 왜낫은 날이 얇아, 날카롭고 가벼운 대신 쉽게 망가진다. 그러니까 풀을 벨 때는 왜낫으로 한다고 보면 된다.

낫을 잘 벼려두면 풀 베는 일이 한결 쉽다. 반대로 낫이 잘 안 들면 일도 힘들지만 무엇보다 손을 베기가 쉽다.

낫 갈기는 그 경지가 끝이 없는 거 같다. 내가 쓰는 낫만 볼 때는 몰랐는데 마을 이장님이 쓰는 낫을 보고는 '나는 아직 멀었구나!' 하

사진1 조선낫(아래)과 왜낫(위)

고 느낀 적이 있다. 이장님 낫은 한눈에 봐도 몇 년을 썼는지 모를 정도로 반달 모양으로 잘 닳아 있었다. 그야말로 삶으로 보여주는 예술품이다 싶을 만큼. 도대체 얼마나 내공을 쌓아야 저런 경지가 될까?

숫돌에다가 낫을 가는 것도 중요한 기술이다. 숫돌 표면도 골고루 써야 하고, 낫도 날 전체를 골고루 갈아주어야 한다.

낫을 갈기 위해 준비해야 할 것들로는 낫 이외에 숫돌과 숫돌받침대 그리고 물이 있어야 한다.

낫은 손잡이에 따라 오른낫과 왼낫이 있다. 왼손잡이는 낫을 살 때 꼭 왼낫을 달라고 해야 한다. 안 그러면 오른낫을 준다. 오른낫을 오른손으로 잡고 보면 날 끝부분 1센티미터 정도가 하얗게 된 게 보인다. 그 부분이 아주 조금 경사지게 되어 있기에 풀을 벨 수가 있다.

숫돌에 낫을 갈려고 하면 숫돌이 자꾸 움직이는데, 숫돌 받침대는 숫돌이 움직이지 않게끔 튼튼하게 받쳐주는 역할을 한다. 스프링 장치로 되어 있어, 처음에는 숫돌받침대 부분을 발로 밟아 스프링을 열어서 그 가운데다가 숫돌을 끼우면 된다. 숫돌과 받침대는 시골 건재상에서 판다.

낫을 갈기 전에 숫돌을 5분 정도 물에 담가두어야 한다. 겉보기에 숫돌은 돌처럼 딱딱하지만 그 속에 무수히 많은 공기구멍이 있다. 숫돌을 처음 물에 담그면 자그마한 물방울이 방울방울 올라오면서 구멍마다 물이 스며든다. 이 물은 일종의 숫돌 윤활유라고 보면 된다. 낫을 갈다 보면 그 이유를 또렷이 알게 된다.

낫을 간다는 건 바로 그 경사진 부분을 서슬 푸르게 벼려주는 것. 낫을 뒤집어 보면 그 차이를 뚜렷이 알 수 있다. 뒤의 날은 경사 없이 밋밋하다.

낫을 숫돌에다가 갈 때는 경사진 부분이 숫돌과 마주하게 낫을 뒤집어야 한다. 오른낫이라면 왼손으로 낫자루를 잡는다. 숫돌에다가 낫을 살그머니 얹고 오른손으로는 낫 끝을 누르듯이 잡는다. 날의 경사각만큼 낫을 눕혀서 밀고 당긴다.

이때 주의할 점이 있다. 낫을 밀고 당길 때 숫돌을 고루 스쳐야 한다. 그렇지 않으면 숫돌이 울퉁불퉁해져서 나중에는 낫을 제대로 갈기가 어렵다. 생각처럼 낫이 갈리지 않으면 숫돌을 받침대에서 꺼내, 위로 쓰던 곳을 아래로 향하게 방향을 바꾸어주면 좋다.

낫 역시 숫돌을 오고가면서 고루 갈아야 한다. 반달 모양처럼 생긴 곳으로 안 가는 곳 없이 고루 가야 한다. 특정 부위만 반복해서 오고 가게 되면 낫날 역시 들쑥날쑥되어 제대로 풀을 베기가 어렵게 되고, 더 이상 낫 구실을 못한다.

사진2 왼손으로 낫자루, 오른손으로 낫 끝

 자, 그럼 이제 실전. 낫날의 길이는 20센티미터 남짓인데 숫돌 폭은 5센티미터 남짓이다. 그래서 날을 밀고 당길 때 비스듬히 오고가야 한다. 20센티미터 낫이 숫돌을 미끄러져 내려가면서 낫자루 안쪽에서 바깥쪽으로 한 번에 다 스치게 한다. 특히 낫은 그 전체 모양이 일자가 아니라 약간 봉긋한 초승달을 닮았기에 꼭 골고루 밀고당겨 주어야 한다.

 이렇게 낫을 몇 번 밀고 당기다 보면 숫돌이 좀 뻑뻑하게 된다. 그 이유는 숫돌에 밴 물은 줄어들고, 고운 숫돌 입자가 서로 엉기기 때문. 그럴 때마다 중간중간 숫돌에 물을 한 모금씩 축여준다.

 얼마를 갈아야 하는 걸까? 조건에 따라 다르다. 낫을 자주 갈아 쓴다면 2~3분 남짓. 낫이 숫돌 위를 한 스무 번 정도 오고갈 만큼 갈아도 된다. 무턱대고 오래 갈면 날이 오히려 무디어진다.

낫질하다가 돌멩이를 치면 낫이 많이 망가지는데, 이런 낫을 일러 '이빨 빠진 낫'이라 한다. 낫을 들고 살피면 가지런한 날 사이에 마치 이빨이 빠진 모양과 같기에 그런 말을 붙였다. 이런 낫은 숫돌만으로 갈기가 어렵다. 조선낫이라면 대장간에 맡기거나 오일장에서 낫을 갈아주는 사람이 있다. 왜낫은 날이 크게 망가지면 더 이상 쓸 수가 없다. 날을 간다고 오래도록 갈아도 힘만 들지 본래 역할을 못한다. 낫을 바꾸어야 한다.

낫 갈기를 자꾸 하다 보면 나름 요령이 생기리라. 처음에는 잘 가는 것보다 가는 재미를 느끼는 게 중요하다. 낫 가는 소리, 낫날이 서는 모습, 부드럽게 낫을 밀고 당기는 몸놀림. 그 어떤 잡념도 뚫고 들어올 수 없는 집중과 몰입.

날이 잘 섰는지 안 섰는지를 아는 것도 중요한 기술이다. 웬만큼 갈렸다 싶으면 낫을 뒤집어 반대 방향을 슬쩍 두세 번만 숫돌에다가 가볍게 문질러준다. 이렇게 하면 뒷날 녹이 스는 걸 방지할 수 있다. 혹은 날을 너무 많이 갈아 오히려 무디어진 상태로 제자리로 돌려놓는다고 생각해도 좋다.

자, 이제 검사다. 먼저 눈으로 확인. 날을 세운 다음, 한쪽 눈을 감고서 검사를 한다. 최대한 날이 보일 듯 말 듯하면서 가지런해야 한다. 날이 많이 무디면 살짝 흰 빛이 보이거나 날 중간이 들쑥날쑥하다. 그다음은 촉감으로 아는 법. 손가락 끝을 날 끝에 비스듬히 대고 찬찬히 살그머니 문질러 보자. 날이 잘 섰으면 까슬까슬한 느낌이 좋다. 날이 서지 않았으면 밍밍하니 별다른 느낌이 없다. 물론 가장 확실한 방법은 즉석에서 풀을 베어보면 된다.

날이 날카로우면 일은 쉽지만 반대로 쉽게 망가진다. 풀을 베다가 날 상태를 자주 점검하여 자주 갈아주는 게 좋다. 논두렁 풀을 벨 때는 아예 논물에다가 숫돌을 담가두고 그때그때 갈아서 쓰면 좋다. 낫을 내 몸처럼 다루어야 한다.

논두렁 풀베기와 야생 꽃밭

싹이 튼 볍씨를 논에다가 뿌릴 날이 2~3일 앞으로 다가온다. 이 시기에 할 일은 싹이 튼 볍씨한테 가끔 물을 뿌려주는 것과 논두렁 풀을 베고 정리하는 일과 논에 적당히 물을 대두는 것이다.

논두렁 풀을 베는 목적은 두 가지. 하나는 논 둘레 풀들의 기운을 좀 줄이자는 거다. 이제부터는 여리디 여린 볍씨가 자랄 테니 기세등

사진1 로타리 치기 전 풀베기

등한 풀들의 기운을 좀 주춤하게 하려는 거다. 이제 막 씨앗이 싹트는 볍씨한테 한 뼘씩 자란 풀들은 그야말로 위협 그 자체가 된다. 벌써 꽃망울을 맺는 엉겅퀴는 기세도 좋지만 잎에는 날카로운 가시를 품고 있어 사람조차 접근하기가 쉽지 않은 풀이다. 개망초 역시 성큼 자라 그 기세를 뽐낸다. 질경이도 기세 좋게 자란다. 쑥도 부쩍 자란다. 사위질빵도 야금야금 덩굴을 뻗어온다. 무엇보다 물에서 잘 자라는 미나리나 고마리 같은 식물을 잘 정리해주어야 한다. 볍씨가 싹이 났을 때 수생식물을 뽑으려고 하면 둘레에 있는 어린 벼를 다 들고 일어난다.

두 번째 목적은 논두렁에서 벤 풀들을 거름으로 쓰기 위해서다. 특히 산골 논두렁은 그 폭이 넓어 제법 많은 풀이 나온다. 이 풀을 논으로 던져 넣는다. 마을 어르신들 이야기를 들어보면 예전에 거름이 부족할 때 누구나 이렇게 해서 논을 써레질했단다. 다만 무논에서 잘 자라는 풀은 논으로 넣지 말아야 한다. 이를테면 미나리, 나도겨풀, 달뿌리 같은 풀은 거름이 되지도 않을 뿐 아니라 물에서 다시 뿌리를 내리고 살아남아 번식을 한다. 처음 농사짓던 해는 이런 걸 모르고 풀을 베어서 그대로 다 논에 넣었다가 나중에 다시 뽑아내느라 고생했다.

사진2 미나리

사진3 나도겨풀

이렇게 풀을 알다 보면 색다른 즐거움도 발견하게 된다. 처음에는 논두렁 풀 베는 걸 얼른 마쳐야 할 일로만 생각했다. 그러다가 정농회 연수를 갔다가 유기농 농사를 오랫동안 지으시는 회원 이야기에 귀가 번쩍 뜨였다. 그분은 논두렁을 꽃밭으로 가꾼단다. 삶의 여유다. 그러고 보니 논두렁이야말로 아주 썩 괜찮은 야생화 밭이다. 저절로 잘 자라지만 조금만 마음 써주면 그런대로 볼 만한 꽃밭.

논두렁에서 자라는 풀은 두해살이거나 여러해살이가 많다. 이른 봄이면 벌써 노란 양지꽃이 피어난다. 곧이어 할미꽃이 피어나는데 이 식물은 우리나라에만 분포하는 한국특산식물. 꽃도 좋지만 꽃이 진 뒤에도 그 자태가 아름답다. 처음에는 자줏빛으로 수줍은 듯 고개를 폭 숙이고 있다가 짧게 꽃이 피고 진다. 할미꽃은 씨앗도 보기 좋다. 꽃잎이 떨어진 후 씨앗에는 하얀 갓털이 길게 달려 마치 머리를 풀어헤친 모습을 하다가 시간이 지날수록 점점 공처럼 둥글게 말아 올려 씨앗을 멀리 떠나보낼 채비를 한다. 이 식물은 풀약에 아주 약하다. 첫 농사 지을 때는 논두렁에서 어쩌다 한두 포기였는데, 풀약을 치지 않고 꾸준히 관리했더니 이제는 논두렁 이곳저곳에서 제법 잘 자라고 꽃을 피운다.

사진4 논두렁 할미꽃

사진5 자운영

사진6 애기똥풀   사진7 엉겅퀴꽃

볍씨를 뿌릴 무렵이면 양지꽃이나 할미꽃은 대부분 진 뒤다. 5월 무렵 보랏빛과 연분홍빛으로 소담스럽게 피어나는 건 자운영. 이 풀은 콩과 두해살이로 사람한테 쓸모가 많다. 꽃도 예쁘지만 어릴 때는 나물로 먹을 수 있고, 뿌리혹박테리아를 가지고 있어 땅을 거름지게 한다. 자운영은 일부러 씨앗을 구해서라도 논두렁 둘레에 뿌려두면 좋다. 한 번만 뿌려두면 해마다 두고두고 저희가 알아서 싹이 트고 꽃을 피운다.

자운영과 앞서거니 뒤서거니 피는 꽃은 애기똥풀. 이 풀은 노란 꽃을 피우는 데 줄기를 꺾으면 애기 똥 같은 노란 진액이 나온다. 이 진액은 독성이 강해 물바구미가 극성을 부릴 때 논에다가 베어 넣으면 좋다고 한다. 다만 크게 기대할 정도는 아니다.

논두렁에서 자라는 풀은 한 해 동안에 서너 번 정도 베어준다. 그때마다 논두렁을 아름답게 수놓는 풀들은 되도록 살려두면서 풀 베는 고단함을 잠시나마 잊는다.

계절별로 보면 아무래도 여름철에 왕성하게 꽃을 피운다. 6월로 접어들면서 가장 먼저 눈에 띄는 꽃은 엉겅퀴. 논두렁에 우뚝 솟아,

자주색 꽃으로 나비를 유혹한다. 가까이 다가가 자세히 보면 황홀할 정도다. 엉겅퀴는 워낙 힘이 세다. 꽃 보는 맛에 몇 포기만 남기고 베어준다.

무엇이든 그렇지 않나. 가까이 다가가 찬찬히 오래도록 보고 있으면 다 예쁘다. 씀바귀도, 수영도, 6월 초부터 막 꽃이 피기 시작하는 개망초도 그렇다. 늦여름 무릇꽃도 예쁘다. 가을에는 쑥부쟁이 고마리들이 꽃 이어달리기 하듯이 피어난다.

논두렁에도 먹을거리가 있다

논두렁에 자라는 풀 가운데 먹을 수 있는 게 뜻밖에도 많다. 질경이, 자운영, 쑥 같은 풀은 어릴 때 먹으면 그 나름 맛과 향을 즐길 수 있다. 특히 머위는 논두렁 한가운데서도 물이 조금씩 스며 나오는 곳에다가 서너 포기 심어두면 그 일대로 번져 이른 봄 입맛을 돋우게 된다. 또한 미나리는 봇도랑 한 귀퉁이에 심어두면 한 해 동안 여러 번 베어 먹을 수 있다.

대신에 욕심을 내지 말아야 한다. 비탈진 논두렁을 자주 오르내리거나 흙을 파헤치게 되면 자칫 장마 때 무너지게 된다. 적당한 공간에 알맞게 심고 때맞춰 한두 번씩 먹어주는 정도. 논에 자라는 풀을 미워하지 않고, 논두렁 관리하는 일을 즐겁게 하는 팁이다.

로타리와 써레질에 이어
곧바로 볍씨 뿌리기

    볍씨가 준비되었다면 이제 로타리를 치고 써레질을 한 다음 곧바로 볍씨를 뿌리면 된다. 이때 로타리는 물 로타리다. 즉 논에 물을 적당히 댄 상태에서 흙을 물과 잘 뒤섞어 흙탕물이 되게 한다. 이렇게 하려면 우선 논물을 적당히 가둬두어야 한다. 물이 적어도 안 되고 너무 많아도 안 좋다. 대략 논바닥에서부터 높이 7센티미터 남짓.

    그 이치는 밀가루 반죽을 생각하면 쉽다. 이를 테면 마른 밀가루를 고르게 뒤섞는 거는 쉽다. 또한 밀가루에 물을 많이 넣어 반죽하는 것 역시 어렵지 않다. 하지만 물이 적은 반죽은 힘이 든다. 써레질 역시 마찬가지. 마른 논을 곱게 가는 것은 기계 힘이 덜 든다. 물이 아주 많은 논도 쉬운 편이다.

    반면에 물을 적게 잡은 논을 써레질하는 것은 밀가루 반죽처럼 힘도 들고 제대로 써레질이 되지 못한다. 그렇다고 물을 너무 많이 잡으면 흙탕물이 가라앉는데 시간이 많이 걸리고 아깝게 버려지는 흙탕물이 많게 된다. '써레질 물은 형제 사이에도 안 나눈다'고 한다.

흙탕물에는 양분이 많이 있을 뿐 아니라 그야말로 논에 꼭 필요하면서도 고운 흙이 많이 있기 때문이다. 논에다가 물을 가두기만 할 때는 논둑에 물이 막혀 밖으로 흐르지 않지만, 기계가 들어가 요동을 치면 물 역시 요동을 친다. 이리저리 쏠리며 흙탕물이 논 밖으로 콸콸 쏟아져 나오게 된다. 때문에 논물을 적당히 담아야 한다.

물 로타리를 치는 이유는 크게 두 가지. 하나는 논에 제법 많이 자란 둑새풀이나 막 싹이 돋아나는 곡정초 같은 풀을 잡는 것. 어린 풀들은 로타리 과정에서 일부는 땅속으로 묻히거나 물 위로 떠오른다. 그러니까 볍씨를 논에 뿌리기 전에 미리 교통정리를 해주는 셈이다.

물 로타리를 치는 두 번째 이유는 물 빠짐을 막고, 써레질을 잘하기 위한 것. 흙을 물과 잘 뒤섞고 나서 며칠 지나 흙탕물이 가라앉고 논이 어느 정도 굳어지면 물 빠짐이 한결 줄어든다. 논바닥을 미장해 준 효과라 할 수 있다. 오래전에 논 한 다랑이만을 무경운 직파(땅을 갈지 않고 논에다가 바로 씨앗을 심는 것)로 해보았는데 이럴 경우 산골 다

사진1 물 로타리

사진2 볍씨 바로 뿌리기

랑이논은 물 빠짐이 심해서 논 관리에 어려움이 많았다.

로타리를 친 다음 이제 써레질. 논바닥을 판판하게 고르는 일을 말한다. 예전에는 이 일을 사람이 일일이 고무래로 밀고 당기면서 했는데 요즘은 기계로 쉽게 한다. 트랙터 뒤에 '번지'라는 도구를 달아 수평을 잡으면서 논을 빠져나가면 된다.

이때 트랙터 뒤꽁무니를 따라다니며 볍씨를 뿌리면 된다. 처음 할 때는 당황하기 쉽다. 도대체 이 흙탕물에서 볍씨가 자랄까 하는 의구심 때문에. 심지어 로타리를 쳐주는 트랙터 기사조차 당황해할 정도였다.

여러 가지 직파 방식

여기서 잠깐 벼 직파에 대한 이론을 공부해보자. 벼에 대해서는 잘 모르면 직파가 당황스럽다. 모내기 벼에만 익숙한 사람들은 더 당황스러울 수 있다. 농약과 화학비료를 뿌리던 농부가 유기재배를 받아들이기 어려운 것처럼. 차라리 아예 모른다면 처음부터 새로 시작할 수 있으리라.

못자리를 하고 모내기를 하는 농사에 견주면 직파는 거저먹기 같다. 대신 사전에 벼에 대해 많이 공부하고 또 연구해야 한다. 그렇지 않으면 한 해 농사를 망칠 수도 있다.

볍씨는 생명력이 참 강하다. 가뭄에도 견디고, 무논에서도 자란다. 물이 없는 밭벼도 가능하고, 열대 강 하구 지방에는 부도(물에 떠서 자라는 벼)도 가능하다. 부도는 사람 키보다 더 길게 자란다. 이런 생명력들이 직파를 가능하게 하는 기본 요인이 된다.

볍씨가 싹이 트는 데 가장 중요한 요소는 뭘까? 적당한 수분과 온도다. 볍씨가 수분을 충분히 머금은 다음, 적당히 온도가 올라갈 때 싹이 튼다. 이때 볍씨가 처한 조건에 따라 싹이 나는 방식이 다르다.

가장 바람직한 조건이라면 땅에 수분이 자작자작할 정도로 적당해서 뿌리가 먼저 나오고 곧 뒤이어 잎(초엽)이 나오는 거다. 이렇게 뿌리와 잎이 나오면 그때부터 광합성을 하면서 자연스럽게 자란다.

그런데 물이 부족한 곳에서 볍씨는 뿌리를 먼저 깊게 내린다. 충분히 뿌리를 뻗어 물을 빨아들일 깊이까지 내려간다. 이 과정에서 잔뿌리도 엄청 많이 나온다. 그런 다음 잎을 낸다. 밭벼가 이러하다. 그러다 보니 싹이 트는 데 논보다 시간이 더 많이 걸린다. 풀이 벼보다 먼저 싹이 나고 자라, 밭벼는 김매기가 어렵다.

그 반대는 물이 깊은 곳에서 싹이 트는 경우다. 이때는 산소 호흡이 어렵기에 볍씨는 뿌리보다 먼저 싹을 내어 물 위로 밀어 올린다.

사진3 공기를 호흡하여 씨뿌리와 싹이 같이 자라는 볍씨(왼쪽), 물에 잠긴 볍씨(오른쪽)

사진3을 보면 왼쪽은 정상적으로 뿌리와 싹이 난 볍씨인 반면 오른쪽은 물이 깊은 곳에서 싹이 튼 볍씨라 뿌리는 내리지 않고 싹만 길게 웃자랐다. 이 경우 볍씨는 혼신의 힘을 다해 자신이 가진 배젖만으로 잎을 내야 한다. 이러다 보면 벼가 웃자라 약하게 된다. 가지치기도 잘 못 하고, 쉽게 쓰러진다.

정상적인 조건에서 벼는 자신이 가진 배젖의 양분을 천천히 잎으로 보낸다. 되도록 뿌리에서 양분을 올리고 또 잎으로는 광합성을 하면서 배젖을 차근차근 이용한다. 못자리에서라면 배젖을 다 사용하는 데 한 달쯤 걸린다.

이 이야기를 먼저 길게 하는 이유는 직파 방식에 차이가 있기에 그렇다. 볍씨를 어떻게 뿌리느냐에 따라 씨앗 준비도 조금 다르게 해야 한다. 직파는 논에 물이 얼마나 있느냐에 따라 크게 두 종류로 나눈다. 건답(마른 논) 직파와 무논 직파.

건답 직파는 마른 논을 갈아 땅을 고른 후 볍씨를 직접 뿌린다. 물론 규모가 작으면 땅을 갈지 않고 호미로 직파하는 경우도 있다. 이때 2센티미터 이상 깊게 심으면 안 된다. 땅속 깊이 심은 볍씨는 싹이 튼 후 비상조치를 취한다. 물이 깊은 곳에서 올라오는 것과 반대다. 중배축을 발달시켜 어렵사리 땅 위로 싹을 솟아나게 한다. 때문에 1센티미터 정도가 알맞다. 어쨌든 직파를 한 다음에는 수로에다가 물을 넣어 논흙이 촉촉이 젖게 한다. 이렇게 하려면 논에 물 빠짐이 적고 또 내가 물을 대고자 할 때 물을 바로 댈 수 있는 농수로가 구비되어 있어야 한다.

무논 직파는 무논을 써레질한 뒤 볍씨를 뿌린다. 무논 직파는 다시 두 가지로 나뉜다. 물이 담긴 상태에서 뿌리는 것과 물을 빼고 두부처럼 땅이 굳었을 때 뿌리는 방법이 있다. 구체적인 방법은 뒤에서 이야기하겠다.

그 외 기계를 쓰느냐 손으로 하느냐에 따라 기계직파와 손뿌림 직

사진4 물을 빼고 두부처럼 굳힌 뒤 기계로 직파한 논

파를 들 수 있다. 기계 직파법도 다양해서 방법에 맞추어 다양한 기계가 나온다. 대규모 직파에서는 항공기를 이용하는 게 일반적이다.

이렇게 다양한 농사법을 알다 보면 어느 농법이 더 나은가 하는 질문은 큰 뜻이 없다. 중요한 건 자기만의 농법을 세워야 한다는 점이다. 앞으로는 점점 더 자신이 처한 환경, 자신이 가진 철학, 자신의 몸과 마음 상태에 따른 맞춤형 농사로 나아가리라고 나는 믿는다.

흙탕물 흩뿌림 직파

 나는 기계를 쓰지 않고 손으로 흩뿌림 직파를 한다. 직파를 한 지 세 해째까지는 로타리를 치고, 흙탕물이 가라앉고, 논물이 빠진 상태에서 싹을 틔운 볍씨를 뿌렸다. 이렇게 하면 싹이 고르게 나는 장점이 있다. 단점이라면 첫 번째로 새 피해. 볍씨가 눈에 띄기 때문에 새 먹으라고 뿌려놓은 꼴이다. 새가 모르고 넘어갈 수도 있지만 한 번 알았다 하면 그 피해는 상당하다. 그런데 이보다 더 중요한 건 벼가 땅속에 뿌리를 깊게 뻗지 못하더라. 씨앗이 땅속에 묻히는 게 아니라 땅 표면에 놓이기에 그렇다. 그 결과 비바람에도 약하다.

 이를 방지하고자 대규모 직파를 할 경우, 볍씨를 철분으로 코팅하거나 볍씨를 땅에 살짝 묻을 수 있는 직파 기계를 이용하기도 한다.

 나는 직파 기계를 쓰기보다는 직파 방식을 바꾸었다. 나대로 이름을 붙이자면 '흙탕물 흩뿌림 직파'라 하겠다. 로타리를 친 뒤 트랙터가 써레질을 하면서 논을 빠져나갈 때 바로 뒤를 따라다니며 씨앗을 손으로 흩어서 뿌렸다. 흙탕물 상태에서 손으로 뿌리는 거니까 '흙탕물 흩뿌림 직파'가 된다. 이렇게 하면 씨앗이 먼저 가라앉고 뒤이어 흙탕물이 가라앉으면서 물에 뒤섞였던 고운 흙이 볍씨 위를 살짝 덮는다. 새 피해를 줄일 수 있고, 뿌리 내림이 한결 좋아 쓰러짐에 더 강하다.

직파 방식마다 장점이 있으면 단점도 있기 마련. 흙탕물 흩뿌림 직파의 단점이라면 기계로 줄 맞춰 뿌리듯 논바닥에 볍씨를 고르게 뿌리기 어렵다. 아무래도 군데군데 몰리거나 비어 있는 곳이 생기게 된다. 또 논 수평을 정확하게 가늠하기가 어렵기에 물이 깊은 곳에 떨어진 볍씨는 산소가 부족하여 제대로 자라지 못하거나 웃자라게 된다.

그럼 구체적으로 볍씨를 어떻게 준비하고, 어떻게 뿌리나? 직파는 풀과 경쟁이 아주 중요하다. 기계로 직파를 하는 것과 달리 사람 손으로 흩뿌림 하는 경우는 앞에서 보았듯이 싹을 조금 더 키우는 게 좋다. 볍씨가 싹이 튼 다음 2~3일 정도 더 키운다. 싹이 5밀리미터

사진1 **5밀리미터 정도 자란 3일째 볍씨**

봄_보고 또 보고 67

남짓 자라게. 기계로 하는 직파는 싹이 자라 있으면 직파를 할 때 많이 손상된다. 반면에 손뿌림 직파는 뿌릴 때 손상이 적다. 즉 사람 손으로 잡고 뿌리기 때문에 싹이 난 볍씨에 무리가 덜 간다. 그렇다고 풀과 경쟁만을 생각해서 너무 많이 키우면 뿌리끼리 서로 엉긴다. 이렇게 되면 뿌리기도 어렵거니와 모가 약하게 된다. 때문에 적당히 키워야 한다.

이제 이 볍씨를 뿌리기 전에 체에 밭쳐 물기를 뺀다. 볍씨가 젖어 있으면 씨앗끼리 서로 붙어 있어 흩어뿌리기가 어렵다.

구체적으로 뿌리는 시기와 방법을 보자.

싹이 튼 볍씨를 뿌리는 시기는 지역에 따라 다르다. 이곳을 기준으로 하면 밀꽃이나 대파꽃이 활짝 필 무렵이다. 자연에서는 찔레꽃이 막 피기 시작하며 향기를 둘레 사방으로 퍼뜨릴 때다. 구체적으로 5월 중순. 이보다 이르면 발아가 늦어 풀과 경쟁에서 밀리고, 늦으면 생육기간이 부족해서 가지치기가 적거나 무효분얼(가지치기는 했지만 열매를 맺지 못하는 가지)이 많을 수 있다.

다만 지역과 품종에 따라 직파 시기는 한 달 정도 여유를 둔다. 추운 지방에서는 5월 중순에서 하순까지. 따뜻한 지역이라면 여기서 보름 남짓 이르거나 늦어도 된다.

볍씨를 논에 뿌리는 요령은 트랙터가 마지막으로 써레질을 하면 뒤따라가며 볍씨를 흩뿌린다. 사진2는 들판 논에서 흙탕물 흩뿌림 직파를 하는 모습이다. 일의 순서대로 다시 이야기하자면 먼저 로타리를 곱게 친다. 흙과 물이 잘 뒤섞여 흙탕물이 된다. 그다음 번지를 이용하여 논바닥 평탄 작업을 한다. 이를 써레질이라 한다. 이 번지는

사진2 트랙터 뒤를 따라가며 볍씨 뿌리기

트랙터 뒤에 달린 것으로 보통 때는 3단으로 접어둔 상태. 물 로타리를 친 다음 마지막 써레질을 할 때 번지를 일자로 길게 펼쳐 써레질을 한다.

트랙터는 마지막으로 써레질을 하면서 논을 빙 돌면서 빠져나가게 된다. 이때 트랙터 뒤를 따라가면서 볍씨를 뿌린다. 논 크기에 따라 다르지만 우리는 논이 좁고 길어 논 가운데를 다니면서 뿌린다. 되도록 멀리 힘껏 흩뿌려야 골고루 뿌려진다. 사람 몸 가까이 뿌리려고 하면 씨앗이 제대로 흩어지지 않는다.

내가 볍씨 어미라고 생각하면 간단하다. 자식들끼리 빼곡하게 몰려서 부대끼며 자라기보다 되도록 적당한 거리로 흩어지는 게 좋지 않겠나. 사람 힘으로 뿌리는 데는 아무리 힘껏 뿌려도 한계가 있게 마련. 씨앗이 작아 5미터 남짓 뻗는다. 이렇게 볍씨를 힘껏 뿌리면서 주문을 건다.

"자, 가라! 너희가 마음껏 살 곳으로!"

만일 논 폭이 5미터도 안 되게 좁으면 논 가운데서 뿌리면 안 된다. 폭이 좁으니 논두렁까지 볍씨가 뿌려지게 된다. 이럴 때는 논두렁에 서서 길이 방향으로 힘껏 뿌려야 한다. 우리는 세 다랑이 가운데 한 다랑이논이 이렇게 좁고 길다.

아무튼 흩뿌림은 처음 해보는 사람들한테는 쉽지 않는 일이다. 손모내기는 체험으로나마 해볼 수도 있고 몇 시간 해보면 어느 정도 요령을 터득할 수 있다. 하지만 직파는 체험하기가 쉽지 않고 또 자기 논이라 하더라도 한 해에 한 시간 정도면 다 끝나니 요령을 익히기 쉽지 않다. 무엇보다도 이렇게 아무렇게나 뿌려도 농사가 될까 하는 의구심이 들어 주춤거리게 된다. 그 사이 트랙터는 앞장서 논을 빠져나가는데 말이다.

커다란 기계를 뒤따라 다니며 볍씨를 뿌리다 보면 처음에는 정신이 없다. 게다가 흙탕물 상태에다가 볍씨를 바로 뿌리니 어디쯤 뿌려졌는지 눈으로 확인하는 것도 쉽지 않다. 처음부터 손으로 마구 뿌리는 게 불안하다면 굵은 모래를 조금 구해서 뿌려보는 연습을 미리 해보면 좋다.

볍씨를 뿌릴 때, 논마다 적당량의 볍씨를 논다랑이마다 미리 나누어 두었다가 뿌려야 한다. 그렇지 않으면 가늠이 잘 안 된다. 그리고 한 다랑이라도 한 번에 다 뿌리려고 하지 말고 두어 번에 나누어 뿌리면 좋다. 처음 뿌릴 때는 2/3 정도 뿌린다 생각하고 쭉 뿌리고 갔다가 돌아오면서 나머지를 다시 뿌린다 생각하면 양을 가늠하기 좋다. 남는 건 다시 한 번 더 뿌리면 되지만 모자라는 건 문제다.

사진3 **볍씨를 종류별로, 다랑이마다 미리 나누어두어야**

    마지막으로 조금 남은 씨앗으로 논 가장자리를 보충해준다. 사실 가장자리 뿌리는 게 생각보다 어렵다. 볍씨가 자꾸 몰리니까. 조금씩 손에 잡고 볍씨가 떨어지는 모양을 보면서 살살 흩어 뿌린다. 이건 말로 하기보다 자꾸 해봐야 안다.

    한 해에 한 번, 직파농사의 꽃인 흩어뿌리기는 금방 끝난다. 많이 아쉬울 정도로. 건물을 짓고자 착공 테이프를 끊듯이 이제부터 볍씨는 논과 더불어 살아가는 한 해가 시작된다.

새 피해

이때 주의할 점은 딱 하나. 논두렁에 씨앗이 떨어지지 않게 해야 한다. 직파에서 문제가 되는 것 가운데 하나가 새 피해다. 싹이 갓 난 볍씨는 여러 모로 새들한테 좋은 먹이가 된다. 특히 곡류를 즐겨 먹는 비둘기와 꿩.

한 해(2014년)는 새 피해가 컸다. 그동안 직파 경험에서 새 피해를 거의 보지 않았기에 자만했던 게 가장 큰 이유였다. 그러니까 볍씨를 대충 뿌린 게 잘못이었다. 여기서 대충이란 새들한테 모이를 주듯이 뿌렸기 때문이다.

더 구체적으로 말하자면 흩뿌림 직파이기에 논 가장자리에 딱 맞게 뿌리는 게 현실적으로 어렵다. 논두렁에 못 미치게 뿌리자니 나중에 추가로 논두렁을 다니면서 또 뿌려야 한다. 이를 귀찮게 여기고 마구 뿌렸더니 볍씨 가운데 제법 많은 양이 논두렁과 그 밖으로 떨어진 거다.

새들은 눈이 밝다. "어서 와서 드세요" 하는 꼴이었다. 처음에는 비둘기 두어 마리가 논두렁에 떨어진 볍씨를 주워 먹었다. 그러더니 곧이어 무리가 달려와 먹는다. 논두렁에 떨어진 걸 다 주어먹고 나자 논 안으로 들어와 싹이 나, 한창 자라기 시작하는 어린 벼를 뽑아 먹는다. 한창 뿌리를 내리는 모를 부리로 쪼면 땅에 막 뿌리를 내리던

사진4 직파 논에 꿩 발자국

씨앗이 달려 나온다. 그럼, 그 씨앗만 달랑 떼어먹는다. 씨가 없는 벼는 물 위로 동동 뜨면서 죽는다. 사람이 새를 당할 수가 없다. 새벽부터 해 질 때까지 논을 지킬 수는 없지 않는가. 어쩔 수 없이 모판 상자 몇 개를 구해서 부족한 곳을 메웠다.

이렇게 새 피해가 큰 데는 또 다른 이유도 있었다. 이 해는 직파 시기를 보통 때보다 더 당겼다. 보통은 5월 중순에 했는데 이 해는 일주일 정도 앞당겼다. 보통 5월 말이 되면 뽕나무에 오디가 익어가기 시작한다. 오디가 나오기 시작하면 새들은 곡식한테 덜 달려든다.

참고로 새 피해는 모든 논에서 같이 본 건 아니다. 우리 세 다랑이 논 가운데 맨 아래 다랑이논이 집중적으로 피해를 보았다. 추측해보자면 이 논이 사람 눈에 덜 띄었기 때문이 아닐까 싶다.

2015년에는 다시 예전처럼 직파 시기를 중순으로 했다. 또한 이전에 새 피해를 톡톡히 본 만큼 더 마음을 써, 논두렁에 씨앗이 한 톨도 떨어지지 않을 만큼 집중했다. 그리고 볍씨 싹을 5밀리미터 정도 키

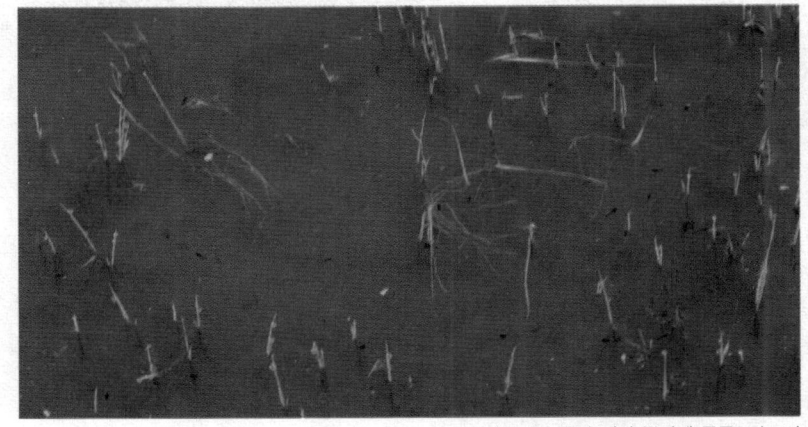

사진5 비둘기가 뽑아 먹어 뿌리째 동동 뜨는 벼

워서 한결 빨리 뿌리를 내렸다. 그래서인지 비둘기 두 마리가 한 번만 다녀가고 말았다.

벼 직파는 자연에 가까운 농사다. 변수가 얼마나 많나. 그 많은 변수가 두려움이 될 수도 있지만 자연을 이해하고 생명살이에 대한 성찰을 하게 해준다. 조금 넉넉히 하면 자연은 그리 박하게 굴지 않는 거 같다.

논장화와 고무래질

곤죽이 된 논에 사람이 들어가서 일하는 게 쉬운 일이 아니다. 마치 갯벌에 빠진 상태와 비슷하다. 목이 긴 장화를 신고 논에서 발을 옮기려고 하면 장화는 그 자리에서 꼼작도 않고 발만 쏙 빠져나오곤 한다. 그래서 나온 게 논장화 또는 물장화라고도 한다. 발과 종아리에 꼭 달라붙게 되어 있고, 아래로 흘러내리지 않게 허리나 어깨에 끈으로 묶도록 되어 있다. 장화목도 길어 무릎까지 온다. 논장화는 신고 벗는 게 조금 성가시지만 한 번 신으면 사진2(69쪽)에서 보듯이 논에서 일하기는 좋다. 물론 가장 좋은 건 반바지에 맨발이다.

고무래(넓적괭이)는 울퉁불퉁한 땅을 반반하게 고를 때 쓰는 농기구다. 트랙터가 논을 마지막으로 빠져나오는 곳은 평평하게 써레질이 안 된다. 트랙터 바퀴 자국이 그대로 남은 상태로 나오게 된다. 이 부분을 사람이 고무래를 가지고 써레질을 해주는 것이다. 고무래는 폭이 다양한데 곤죽이 된 논을 밀고 당기려면

사진6 트랙터 빠져나간 자리에는 고무래질

50센티미터 정도 폭이 알맞다. 긴 자루를 이용하여 높은 곳의 흙을 앞뒤로 몇 번만 밀고 당기면 반반하게 된다. 그런 다음 조금 남겨둔 마지막 볍씨를 뿌린다.

직파 뒤 물 빼기와 논 지도 그리기

흙탕물 상태에서 볍씨를 뿌렸다. 이 씨앗들이 과연 뿌리를 내리고 올라올까. 벼는 물에서도 자라지만 가능하면 호흡을 할 수 있는 상태에 있는 것이 좋다. 물이 깊은 곳에서 자라는 벼는 광합성을 하려고 잎(초엽)을 재빨리 밀어 올린다. 하지만 이 상태로는 벼가 허약하다. 물이 빠진 상태라야 제대로 뿌리를 내린다.

그렇다고 직파를 한 뒤 바로 물을 뺄 수는 없다. 흙탕물이 다 빠져 나가기 때문. 흙탕물은 아주 소중하다. 가능하면 고운 흙이 가라앉으면서 자연스레 물이 빠지게 두는 게 좋다. 흙 속에 모래 성분이 얼마나 있느냐에 따라 다르지만 산골 논은 써레질 뒤 3일 정도면 자연 배수가 된다. 만일 그 이상 지나도 물이 안 빠지는 찰진 논이라면 흙탕물 속 고운 흙이 가라앉아 맑은 물 상태가 된 것을 확인하는 대로 곧바로 물꼬를 터, 물을 빼야 한다.

이제 논바닥이 드러난다. 그런데 이 바닥이 들쑥날쑥이다. 사진1에서 보듯이 높은 곳은 물이 빠져 논바닥이 드러나 있고, 깊은 곳은 여

사진1 물이 잦아들면 논바닥의 높고 낮은 지형이 보인다.

전히 물이 있다.

이렇게 바닥이 고르지 않은 데는 여러 이유가 있지만 자연의 이유는 물이 들어오고 나가는 데 따른 것이다. 물이 들어오는 곳은 물 따라 흙과 모래가 들어와 높아지고, 물이 빠져나가는 물꼬 쪽은 논 밖으로 흙이 쓸려 내려가기에 깊은 편이다.

기계 움직임에 따라서도 차이가 난다. 트랙터로 로타리를 치고 써레질을 어떻게 하고 나가느냐에 따라 다르다. 예를 들면 써레질을 하고 나서 트랙터가 논을 빠져나갈 때 흙을 당기듯이 하기 때문에 당기는 그 첫 시작 지점이 아무래도 깊다. 그러다가 기계가 논을 빠져나오게 되는 마지막 부분 역시 더 이상 써레질로 흙을 끌어올 수 없는데, 흙탕물은 밖으로 넘치게 되어 세월이 갈수록 깊어진다.

그림3을 보면 한결 이해가 빠를 테다. 논 왼쪽이 깊다. 바로 이 부

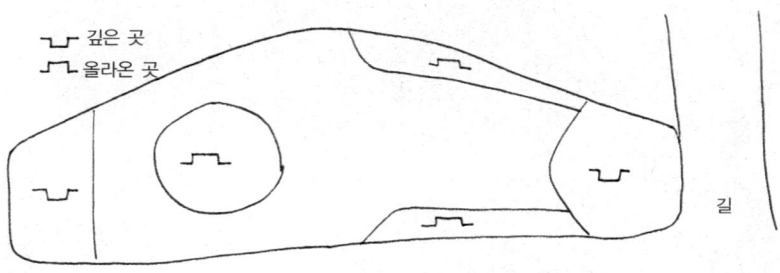

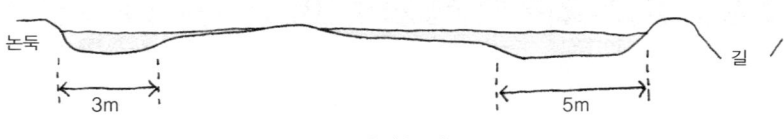

그림3 우리 논 지도

분이 그 논에서 써레질의 시작 지점이다. 또한 논 오른쪽도 대부분 깊은데 이 부분은 트랙터가 논으로 처음 들어갔다가 마지막으로 빠져나오는 지점이다. 다만 왼쪽과 오른쪽 차이를 말하자면 왼쪽 부분이 오른쪽 부분보다 조금 더 깊다. 만일 논 주인이 트랙터가 있다면 이 점을 마음에 두고 1차 써레질을 한 다음, 며칠 지나 논 수평을 확인해가면서 기계적인 수평을 잡을 수 있다.

끝으로 논 주인이 해마다 논두렁을 새로 바른다거나 물꼬 관리를 어찌 하느냐에 따라서도 조금씩 차이가 난다. 작은 습관의 차이가 나중에는 큰 결과를 가져오는 셈이다.

이렇게 들쑥날쑥 논을 수평이 되도록 맞추어야 한다. 물은 수평을 유지하는 성질이 있기에 여기에 논바닥을 맞추는 거다. 논바닥이 들쑥날쑥하면 여러 문제가 생긴다. 높은 곳에 맞춰 물을 대면 깊은 곳은 너무 깊어지고, 반대로 깊은 곳에 맞춰 물을 낮게 대면 높은 곳은 맨땅이 드러난다. 이렇게 논바닥을 편편하게 고르는 건 모내기를 하건, 직파를 하건 중요하다.

다만 직파에서는 한결 더 중요하다. 벼를 10센티미터 남짓 자란 모 상태에서 심는 게 아니라 씨앗 상태에서 뿌려서, 싹을 길러야 하기 때문이다. 물이 깊은 곳에 떨어진 볍씨는 제대로 올라오지 못하게 된다. 볍씨는 호흡 체계가 물이 있든 없든 가능하지만 그 상태가 길어질 때는 다르다. 즉 물에 오래 잠겨 있게 되면 싹이 삭아버린다. 설사 깊은 물을 뚫고 어렵사리 올라온 벼는 웃자라 약하게 된다. 뿌리를 내리면서 거기에 걸맞게 천천히 광합성을 하면서 자라야 뿌리도 건강하고 줄기도 튼튼하게 된다. 그런데 물이 깊은 곳에 떨어진 볍씨는 호흡을 위해 있는 힘을 다해 물 위로 올라오려 하다 보니 약할 밖에.

반대로 바닥이 높아 너무 환하게 드러난 곳은 볍씨 싹은 잘 나지만, 볍씨 못지않게 풀 역시 잘 자라게 된다. 왕우렁이를 넣어 풀을 잡는 경우에는 이러한 환경은 문제가 된다. 왕우렁이는 물속을 돌아다니며 풀을 먹기 때문에 물이 없는 논바닥에는 가지 않아 풀을 잡기 어렵다. 모내기를 하는 이앙 논에는 모내기 뒤 곧바로 왕우렁이를 넣을 수 있으니 그 정도가 심하지 않다. 하지만 직파는 볍씨를 뿌리고 바로 왕우렁이를 넣을 수 없다. 볍씨가 싹이 터, 수면 위로 올라올 때까지 기다려야 한다. 한번 풀이 자라기 시작하면 설사 나중에 우렁이를 넣더라도 우렁이는 물 위로 올라온 풀은 먹지 않으니 시간이 지날수록 풀이 수북하게 자란다.(왕우렁이에 관해서는 105쪽 2부 '직파 보름째, 왕우렁이 넣기' 참조)

그러므로 논 수평이 무엇보다 중요하다. 대규모로 직파 농사를 하는 곳에서는 기계로 수평 작업을 한다. 트랙터에 수평을 확인해주는 균평기를 달아 정밀하면서도 아주 살짝 기울기까지 주어 물 빠짐도 좋게 할 수 있다.

하지만 규모가 작은 농사에서는 이런 기계 도움을 받을 수가 없다.

그래서 논 지도를 그린다. 써레질을 한 뒤 서서히 논바닥이 드러나면 깊은 곳과 높은 곳을 알 수 있다. 보이는 대로 그림을 그려둔다. 해마다 하다 보면 이 일은 은근히 중독된다.

높은 곳과 낮은 곳의 높이 차이가 5센티미터 정도를 넘으면 이를 바로잡아주는 게 좋다. 가을에 논 수평을 맞춘다고 했지만 물이 없는 상태에서는 얼마나 제대로 되었는지를 확인하기가 어렵다. 그래서 봄에 논 수평을 보완하는 또 하나의 방법이 있다. 논두렁을 바르기 위해 물을 대면 수평이 얼마나 이루어졌나를 볼 수 있다. 물을 자작자작할 정도로 넣기에 높은 곳은 흙이 드러나고 낮은 곳은 물에 잠긴 상태. 이때는 아직 써레질 전이라 수평을 어느 정도 보완하는 일이 가능하다.

높낮이 차이가 심하다면 트랙터를 이용해서 높은 곳의 흙을 밀어서 낮은 곳으로 보낸다. 이 일 역시 수평을 어느 정도 잡아주는 정도지 다시 흙탕물이 잦아들면 차이가 나는 걸 볼 수 있다.

그다음부터는 사람 힘으로 시나브로 형편껏 맞추면 된다. 다만 논에 물이 있고 흙이 반쯤은 곤죽이 된 상태라 사람이 옮겨 다니며 일하는 게 쉽지는 않다.

그래서 미끄럼 방식을 이용한다. 눈썰매를 생각하면 쉽다. 논에서 하는 거니까 논썰매가 된다. 쌀겨 뿌릴 때 쓰던 삼태기를 이용한다. 삼태기에 끈을 길게 매단다. 썰매처럼 끌 수 있게 만드는 거다. 이제 높은 곳의 흙을 삽으로 퍼, 삼태기에 담는다. 그런 다음 천천히 흙썰매를 끌고 깊은 곳으로 가서 채운다. 이 일 역시 하루 만에 또는 한꺼번에 하려면 힘이 많이 든다. 형편껏 나누어 하면 좋다. 조금 부족한 부분은 다음해를 기약한다.

논 지도를 그리는 김에 더하면 좋을 것들은 조금 많다. 그림3(78쪽)에서는 알기 쉽게 논 수평에만 초점을 두었다. 실제 농사를 짓다 보면 그 논만이 가지는 여러 정보들이 있다. 우선 기다란 논두렁 가운데 물 빠짐이 심한 곳이 있다면 이를 꼭 그려두고 논 관리에 참고를

사진2 삼태기로 수평 보완

해야 한다. 산간 논은 완만한 산을 일구면서 나온 바위와 돌멩이들로 논두렁을 쌓았기에 물 빠짐이 심하다. 이런 곳을 지도로 좀 자세히 그려 이 역시 가을걷이 뒤에 논두렁을 보충해준다. 그리고 논두렁 폭도 그려둔다. 만일 논두렁 길이가 100미터라고 하면 어느 지점은 넓은 곳도 있지만 또 어느 지점은 아주 좁아진 곳도 있게 마련이다. 또 논두렁 높이가 낮은 곳도 그림을 그려두었다가 나중에 보완한다. 그림에서 보듯이 높은 곳의 흙을 퍼다가 얇고 낮은 논두렁을 먼저 보완한다.

그다음은 기계로 로타리를 칠 때 칼날과 부딪히는 큰 돌멩이들 위치도 그려둔다. 이 돌 역시 가을걷이 뒤 캐내는 게 좋다. 로타리를 칠 때 메모장을 준비해두었다가 즉석에서 되도록 정확한 위치를 그려둔다. 봄에 바로 위치를 그려두지 않으면 나중에는 위치가 어디쯤인지 기억에서 사라진다.

그 밖에도 한 해 농사를 지으며 논에서 겪게 되는 여러 특징들을 기록하면 좋다. 이를 테면 찬물이 나는 곳이라든가, 물 빠짐이 심한 곳이라든가…… 특히나 웅덩이가 있던 곳은 꼭 기록해두어야 한다. 이런 곳은 기계가 들어갔다가 수렁이 되어 빠져 나오지 못해 아주 애를 먹게 된다. 오랫동안 묵혔던 논을 마련할 때라면 그 동네에서 마을 어른들의 도움말을 받아, 미리 논 지도를 그려두면 크게 도움이 된다.

그러면서 해마다 논둑에서 새롭게 겪게 되는 특별한 경험들을 그려두면 아주 좋은 자산이 된다. 윗논에서 아랫논으로 호스를 연결했다면 그 위치를 그려둔다. 풀이 무성한 여름철에는 이 호스가 풀에 가려 잘 보이지 않는다. 그림을 그려두지 않으면 무심코 낫질을 하다가 호스를 베곤 한다.

특별한 식물 가운데 군락을 이루는 식물들도 그려둔다. 우리 논둑 맨 아래에서는 할미꽃이 잘 자란다. 두 번째 논둑에는 엉겅퀴가 군락을 이룬다. 귀한 약초가 되는 식물들(4부 '논두렁에서 자라는 약초' 249쪽 참고)도 지도에 그려두면 특별한 쓰임새가 있다.

그리고 골치 아픈 풀 가운데 군락을 이루는 것들 역시 그려두면 관리하기 좋다. 우리는 두 번째 논둑에는 달뿌리, 맨 위에는 나도겨풀과 수염가래꽃이 잘 자란다.

그림이 어설퍼도 좋다. 나만의 그림이지 않는가. 남에게 보여주기 이전에 이렇게 차분하게 그려놓으면 해마다 귀한 자료가 되고, 이를 보완하는 만큼 농사가 쉽다. 그림을 당장 그리기 어렵다면 사진으로나마 우선 논바닥과 논두렁을 찍어두면 나중에 참고 자료가 된다. 논 지도를 잘 그려둘수록 사람이 논 주인으로 거듭나게 된다. 이 지도를 방 벽에다가 붙어두고 보는 맛이 나는 그 어떤 그림보다 좋다. 지난 세월이 떠오르고 은근히 다음 해에 대한 설렘과 고민이 교차한다.

뿌리를 잘 내리게 눈그누기

 모내기에 익숙한 농사를 하다가 직파를 하려면 잘 적응이 안 되는 게 처음 싹이 날 때다. 이미 이웃 논들은 못자리 모가 손가락 마디만큼 자랐거나 벌써 모내기를 한 곳도 있다.
 그런데 직파 논에는 볍씨를 본 논에 바로 뿌렸으니 까마득하다. 다른 아이들은 다 큰 거 같은데 우리 집 자식만은 안 자라는 것 같은 조급함이랄까. '이 녀석들이 제대로 싹은 나는 걸까? 풀과 경쟁에서 이길 수는 있을까?' 하는 조바심이 생긴다. 자칫 실패라도 하면 밥이나 제대로 먹을 수 있을까 하는 두려움과 이웃들의 비웃음이 들리는 것도 같고…….
 어떤 이는 직파를 하고 나서 볍씨가 안 올라오기에 논에 물을 빼고 거기다가 콩을 심었단다. 근데 시간이 더 지나면서 직파 벼가 밭벼로 자라기 시작했단다. 가을에 콩은 콩대로 수확을 하고, 벼는 벼대로 거두었단다. 그만큼 직파는 볍씨가 싹트는 과정에서 마음을 졸인다. 하지만 그 덕에 두근두근 볍씨 싹을 기다리고 싹이 가지런히 날 때의 그 기쁨을 느낄 수 있다.

 직파를 한 뒤 눈그누기를 한다. 어린 벼가 뿌리를 잘 내리도록 논에 있는 물을 빼주는 걸 말한다. 이를 통해 흙에 산소가 공급되어 뿌리를 잘 뻗게 된다. 뿌리를 잘 뻗어야 양분과 수분을 잘 흡수하고 싹도 잘 자란다. 뿌리를 잘 뻗어야 가치치기도 잘한다.
 볍씨가 처음으로 내리는 뿌리를 씨뿌리(종근)라 한다. 모내기 벼는 모판 상자에서 모를 키우기에 씨뿌리가 제대로 깊이 뻗지를 못한다. 그나마 모내기를 하기 위해 못자리에서 모판 상자를 떼어내면서 씨뿌리가 끊어진다. 씨뿌리 역할이 그리 크지 않다. 뒤이어 나오는 마디뿌리(관근)를 위한 안내 역할로 끝난다.
 여기 견주어 직파에서는 씨뿌리가 깊이 아래로 뻗는다. 이 뿌리는 씨앗을 뿌린 뒤 20일 정도까지 자란다. 그 과정에서 벼 전체가 조금이나마 땅속으로 더 파고드는 거 같다. 씨뿌리를 제대로 뻗어주어야

사진1 눈그누기

마디뿌리도 활발하게 뻗어 이다음 태풍에도 대비할 수 있다. 씨뿌리가 제 역할을 다 하도록 하는 게 눈그누기다.

논바닥이 깊어, 눈그누기를 제대로 하지 않으면 앞에서 설명한 대로 어린 벼는 뿌리보다는 싹을 길게 밀어 올린다. 이 벼는 웃자라 나중에 잘 쓰러지게 된다. 또한 깊은 곳에서 어렵사리 물 위로 싹이 났더라도 바람이 세게 불어 물살이 크게 출렁이면 어린 벼가 뿌리를 제대로 내린 상태가 아니기에 물 위로 뜨게 된다. 따라서 어린 직파 벼한테 눈그누기는 필수다.

앞에서 본 것처럼 물꼬를 틔우는 것만으로는 물이 제대로 다 안 빠진다. 작은 쌀자루에다가 굵은 모래나 작은 돌멩이를 담아, 줄로 묶어서, 끌고 다니면 좋다. 논 여건에 따라 다르기는 하지만 대략 5~6미터 정도 간격을 두고 끌고 가면 된다. 마지막 지점은 물꼬로 향하게 한다. 쌀자루는 그 자체 무게로 일정한 깊이로 흐르듯이 빠져 나가게 된다.

사진2 직파 4일째 싹이 잘 자라는 모습

논바닥이 드러난 상태로 일주일 정도 둔다. 정말 싹이 잘 올라올까. 날마다 논에 가서 논두렁에 쪼그리고 앉아 싹이 올라오는 걸 본다. 흙탕물에 묻힌 볍씨들이 흙을 뚫고 올라와야 한다. 이 싹은 막 올라올 때 하얀 빛을 띤다. 이 흰빛마저 흙을 보듬고 올라오면 그나마 눈에 잘 안 띈다. 아주 여린 싹이 태양을 보며 일어서는 모습은 기어 다니던 아기가 일어서는 모습을 보는 것처럼 경이롭다. 이게 조금 더 자라 광합성에 의해 풀빛으로 바뀌면 눈에 잘 뜨인다. 눈그누기를 제대로 못해서 물이 깊은 곳은 볍씨가 드문드문 나는 편이다.

갓난아기 때 부모 손이 자주 가듯이 벼도 어릴 때 자주 돌봐주어야 한다. 이렇게 살피다 보면 가장 많이 눈에 띄는 게 짐승들 발자국이다. 산골은 고라니 피해도 있다. 논을 짓밟고 다닌다. 싹이 난 볍씨는 고라니 발에 밟히면 흔적도 없이 사라진다. 그래도 모가 어릴 때는 고라니 피해가 크지 않다. 모가 벤 곳을 고라니가 솎아준다고 여긴다. 새 발자국도 가끔 보인다.

볍씨가 싹이 트면서 또 하나 눈 여겨봐야 할 것은 풀이다. 직파가

사진3 물이 깊은 곳은 드문드문

사진4 싹이 자람에 따라 물을 조금씩 넣어준다.

성공하느냐 마느냐에 큰 갈림길은 아무래도 풀과 경쟁이다. 이 경쟁에서 유리하자고 모내기를 하지 않나? 직파 뒤 볍씨보다 먼저 눈에 띄는 건 로타리에서 살아남은 풀들. 가끔씩 여기저기 둑새풀과 미나리 그리고 고마리가 보인다. 이 정도 풀은 기세가 그리 강하지 않고 또 많지 않기 때문에 볍씨가 싹이 터 자라는 동안 그냥 둔다. 직파 뒤 열흘 정도 지나 논바닥을 잘 보면 이런저런 풀도 조금씩 보이기 시작한다. 특히 논바닥이 높은 곳에서 조밀조밀 풀이 난다. 곡정초, 여뀌바늘, 수염가래꽃…….

보통 볍씨를 뿌린 뒤 흙탕물이 가라앉고 논물이 잦아들며 하나둘 서서히 싹이 올라오고, 뿌리도 내리게 된다. 일주일 정도 이런 식으로 눈그누기를 하고부터는 벼가 크는 만큼 물을 조금씩 대어준다.

그러면서 볍씨가 싹이 나는지 보고 또 본다. 이건 단순히 벼에 대한 사랑만은 아닐 것이다. 벼농사를 18년째 한다고 해왔지만 아직도 내가 아는 것보다 모르는 게 훨씬 많다는 증거가 된다. 벼에 대해, 풀에 대해, 날씨에 대해……. 그리고 생명, 그 무한함에 대해…….

직파 일주째, 논고랑(배수로) 내기

　직파를 하고 나면 물 관리를 잘해야 한다. 물이 필요 없다 싶을 때는 제때 떼어주고, 필요할 때는 제때 넣어주어야 한다. 그런데 논이라는 게 물꼬로 물을 넣는다고 논 전체로 금방 물이 퍼지지 않는다. 물을 직접 넣어보면 논 전체로 얼마나 천천히 스며드는지 잘 볼 수 있다.

　써레질을 한 논은 수평이 된 상태다. 밭처럼 고랑과 두둑이 없다. 직파 재배에서는 두둑을 두지 않지만 고랑을 두는 것이 좋다. 이 고랑은 말하자면 배수로 역할을 한다. 눈그누기에서 쌀자루를 이용한 수로가 임시로 만든 것이라면 이를 보완한다. 그래야 농사가 끝날 때까지 논 전체에 물을 고루 대는 것도 쉽고, 물을 빼는 것도 쉽다.

　구체적인 요령은 가능한 한 먼저 논 뒤쪽을 깊게 낸다. 폭 15센티미터 정도 되는 괭이로 깊이 15센티미터 정도 되게. 뒤쪽을 깊이 파는 이유는 논 뒤쪽으로는 윗논에서 찬물이 배어나오니까 그렇다. 이 배수로는 가을에 타작을 하기 전에 논을 말릴 때도 도움이 된다. 물꼬에서 물을 대면 물의 1차 흐름이 뒷배수로를 따라 흐르게 한다.

그다음 뒷배수로를 가로라고 하면 여기에서 수직이 되게, 즉 세로 방향으로 수로를 낸다. 물이 논 전체로 골고루 잘 들어가고 빠지라고. 이 수로 역시 괭이로 하되 깊이는 10센티미터 정도 해도 된다. 괭이로 한번 긁으면서 지나가면 된다. 그림에서 보듯이 세로 방향 수로와 수로 사이 폭은 5~6미터 정도 하면 좋다.

이렇게 수로를 내는 시기는 눈그누기 상태에 따라 다르기는 하지

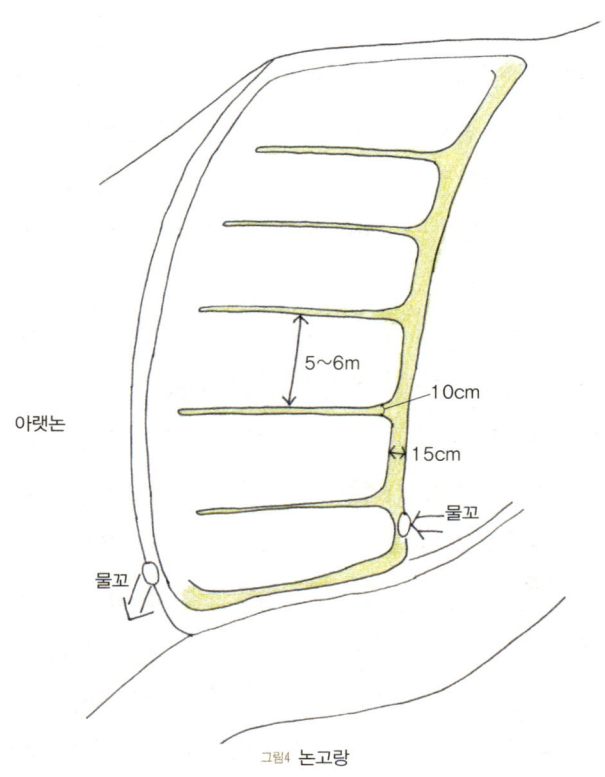

그림4 논고랑

만 보통 직파를 한 지 일주일쯤 지난 뒤가 좋다. 즉 눈그누기를 끝내고 논에다가 물을 조금씩 대기 시작할 때. 이맘때면 논 전체에서 벼가 얼마나 고르게 싹이 나는지를 한눈에 알 수 있다. 또한 논바닥은 적당히 굳은 상태다. 괭이는 가볍게 들어가되 수로를 낸 자리의 흙은 다시 흘러내리지 않은 상태가 가장 알맞다.

다만 바닥이 깊은 곳은 예상한 깊이까지 수로가 생기지는 않는다. 즉 괭이로 수로를 내더라도 흙이 수로로 미끄러지듯 조금씩 다시 흘러내리기 때문이다. 부족한 부분은 나중에 보완하면 된다.

직파를 처음 한 뒤, 논으로 들어가 배수로를 낼 때는 발을 어디 디뎌야 할지 헷갈린다. 모내기 벼와 달리 흩뿌림 직파를 했기에 논 곳곳에 벼가 자란다. 벼만 생각하면 발 디딜 곳이 마땅하지 않다. 하지만 볍씨를 조금 넉넉히 뿌렸기에 크게 마음 쓰지 않아도 된다. 그냥 벼를 밟고 지나가도 된다.

수로를 낼 때 괭이 자국 둘레에서 자라던 벼는 쓰러지듯이 눕는다. 이들은 나중에 솎아심기(133쪽 참고)를 하면서 정리해주는 게 좋다. 뿌리 활착이 제대로 안 되면 나중에 벼가 쓰러질 때 원인 제공을 하게 된다.

예상보다 벼가 싹이 덜 났으면 수로를 낼 시기를 조금 늦춘다. 한 달쯤 지나, 솎아심기를 하게 되는데 이때 솎아심기를 먼저 해주고 나서 수로를 내도 된다. 즉 수로를 낼 자리에 자라는 벼를 일괄 솎아서 드문 곳에다 옮겨심기를 한 다음에 배수로를 내면 된다.

수로를 냈으면 특별하지 않는 한 수로에는 물이 있는 게 좋다.

물과 물꼬를 나와 한 몸처럼

벼는 물이 기본이다. 물이 없는 밭에서도 자라지만 물이 있는 논에서 더 잘 자라고, 이렇게 영근 쌀이 밥맛도 더 부드럽다.

물도 찬물보다 따뜻한 물이 좋다. 벼는 생명력이 강해 어느 정도 추운 곳에서도 자라지만 따뜻한 곳에서 잘 자라고 수확도 많다. 한 해에 두세 번 거두는 곳도 있다.

그렇다고 마냥 뜨겁다고 다 좋은 건 아니다. 적당해야 한다. 생육 시기에 따라 알맞은 온도가 조금 다르긴 하지만, 벼가 왕성하게 자라고 뻗어가는 온도는 30~34도 정도가 알맞다. 논에서 데워진 물에 손을 담갔을 때 기분 좋은 온도. 그러니까 우리네 몸과도 잘 맞는 온도다.

우리나라에서 논물을 되도록 따뜻하게 관리하려면 몇 가지 신경을 써야 한다. 되도록 찬물을 논으로 바로 들이지 않아야 한다. 산골 다랑이논에서는 계곡에서 흐르는 자연수가 논으로 바로 들어오는데 이 물의 온도는 상당히 낮다. 5월 초 어느 하루를 기준으로 보면 이

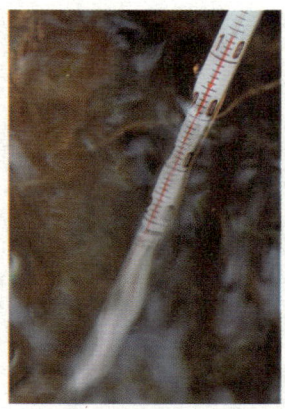 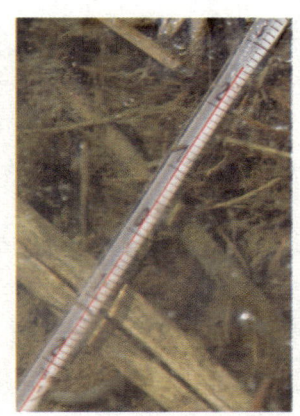

사진1 봇도랑으로 흐르는 물(14도)   사진2 논에 가둔 물(26도)

날 최저기온은 4도, 낮 최고 기온은 22도였다. 근데 오후 2시쯤 계곡에서 흘러들어오는 물 온도는 14도인데 논에 가둔 물은 26도다. 10도 이상 차이가 난다. 그만큼 논으로 들어온 물이 햇살에 의해 따뜻해졌다는 말이다. 직파 하는 날, 한낮의 논물 온도는 32도까지 올라갔다.

그러니 될 수 있는 한 물꼬 관리를 잘해서 논으로 들어가는 물 온도를 높이는 게 중요하다. 몇 가지 기술이 필요하다. 첫째, 가능하면

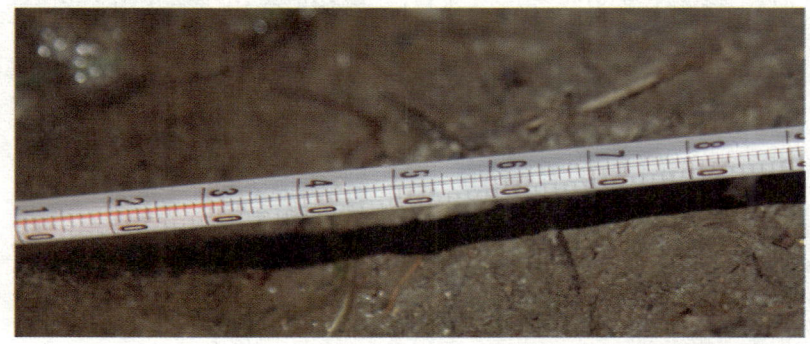

사진3 직파하는 날, 한낮 논물의 온도 32도

봄_보고 또 보고

논으로 물이 들어오는 입구와 논에 물이 넘쳐서 나가는 물꼬가 가까운 것이 좋다. 보통은 물이 들어오는 곳과 물이 들어온 다음 넘쳐, 물이 빠져나가는 물꼬와 거리가 멀다. 논물은 자연 상태의 태양 온수기라 보면 된다. 넓고 반반한 논에 물을 가두면 태양열을 받아 논물이 잘 데워진다. 비록 찬물이 들어오더라도 들머리에서 몇 미터만 안으로 들어가면서 따스한 물로 바뀔 정도로. 그런데 이렇게 잘 데워진 물이 그냥 밖으로 다시 흘러가버리게 하면 안 된다. 흘러나가면 그만큼 찬물이 새로 들어온다는 말이 되니까.

사진4에서 보듯이 들어오는 물이 나가는 물꼬 위로 물을 대면 찬물이 들어오지만 일정 높이를 넘어서 불필요한 물은 자동으로 물꼬 밖으로 나가게 된다. 설사 물이 넘쳐 나가더라도 찬물을 나가게 하는 거다.

그리고 윗논에서 아랫논으로 물을 넘길 때는 긴 호스나 비닐을 이용한다. 그렇지 않고 그냥 자연 상태로 흘러가게 두면 윗논에서 데워진 따스한 물이 아래로 흘러가는 사이 흙 온도에 맞게 식어버리게 된다. 또한 그 과정에서 논두렁 흙이 아래로 조금씩 계속 쓸려 내려가, 논두렁이 망가지게 된다. 이를 방지하려면 아랫논으로 물을 내릴 때 호스로 바로 연결하면 좋다.

사진4 들어오는 물이 논에서 넘치면 찬물 상태에서 바로 흘러가게

사진5 윗논에서 아랫논으로 물을 내릴 때는 호스를 이용하거나　　사진6 비닐을 깐다.

논이 넓고 논둑이 높지 않으면 사진6처럼 비닐을 넓게 깔아 가능하면 데워진 물 그대로 내려가게 한다.

그런데 물을 대다 보면 날씨, 계곡의 자연수, 논두렁 상태에 따라 물이 넘치기도 하고, 때로는 물이 모자라기도 한다. 이를테면 날마다 무덥다거나 건조하면 논에서 증발이 한결 많이 일어난다. 비가 올 때는 굳이 물꼬로 물을 들이지 않고 반대로 물을 떼야 한다. 비가 많이 온다는 예보가 있다면 아예 논에 담아두었던 물조차 미리 떼는 게 좋다. 논두렁이 터지면 말짱 도루묵이 될 테니.

계곡 자연수 역시 날마다 수량의 변화가 있기에 물꼬로 물이 들어오는 높이를 일정하게 유지하려면 약간의 노력이 필요하다. 가끔씩 수량이 얼마나 변했는지를 점검해주어야 한다. 논두렁 상태 역시 전날 밤에 두더지가 구멍을 냈으면 물이 아래로 쉽게 빠져나간다.

때문에 논에 물을 일정한 높이로 날마다 가두는 게 쉽지 않다. 그래서 필요한 물 양보다 조금 더 많이 넣게 된다.

이렇게 '알뜰한 당신!'이 되는 게 꽤나 복잡한 거 같지만 기본 준비만 해두면 그리 어렵지 않다. 그리고 이렇게 하는 건 우리 몸의 온도를 일정하게 잘 유지하는 거랑 비슷하기에 그 나름 맛이 있다. 가끔 데워진 논에서 홀딱 벗고 뒹굴거나 첨벙이면서 물장구라도 치고 싶을 만큼. 쌀을 먹어서만 우리 몸이 되는 게 아니라 이렇게 과정마다 벼는 우리 몸과 함께한다.

무논에서 자라는 풀,
그 기세를 미리 꺾어두자

벼 직파 재배의 핵심 가운데 하나가 풀 잡기다. 논에서 자라는 잡초는 대략 20~30종 정도다. 강피, 돌피, 곡정초, 물달개비, 여뀌, 마디꽃, 방동사니, 나도겨풀, 수염가래꽃, 가래, 보풀, 올미, 너도방동사니, 올방개, 쇠털골, 하늘지기, 올챙이고랭이…….

모내기 벼는 못자리에서 벼를 한 달쯤 키운 다음 써레질을 한 논에 옮겨 심는다. 잡초와 경쟁에서 유리하니까 그렇게 한다. 모내기 뒤 열흘쯤이면 모는 새롭게 뿌리를 내리고 곧이어 가지치기를 한다. 잡초 역시 열흘쯤이면 다시 하나둘 올라오기 시작한다. 예전 같으면 손으로 김을 맸다. 가을까지 최소한 세 번은 김을 매주어야 가을걷이를 할 수 있었다.

논 김매기가 얼마나 고단한가. 물이 담긴 논에서 김매기를 해본 사람은 안다. 벼가 어리고 또 풀도 막 돋아나는 초벌 김매기는 허리가 아파서 그렇지 그런대로 할 만하다. 두 벌 김매기부터는 논이고 밭이고, 김매고 돌아서 제자리 오면 또 풀이니 지긋지긋하다. 게다가

사진1 자연 상태 무논에서 올라오는 잡초들

날은 또 얼마나 덥나? 세 벌 김매기쯤에는 벼가 제법 자라 허리를 숙이면 뾰족한 벼 잎에 팔과 얼굴을 찔려 이 자체만으로도 괴롭다. 그만큼 논 김매기는 어렵고도 고단한 일이었다.

지금은 농사법이 발달해서 잡초가 크게 문제 되지 않는다. 관행농법에서는 풀약을 친다. 이 약을 쓰지 않는 환경농업에서는 오리나 왕우렁이 또는 쌀겨로 풀을 잡을 수 있으니까. 다만 모든 방법마다 기본을 잘 알고 시행해야 효과가 있다.

이제부터가 내가 이야기하고자 하는 본론이다. 풀약을 치지 않고 직파를 하려면 미리 준비를 잘해두어야 하는 게 두 가지다. 하나는 한 2~3년 정도는 모내기를 하고, 여기다가 왕우렁이를 넣어서 풀을 잡아야 한다. 그래야 논에 풀씨가 없어 잡초가 대량 발생하는 일이 없다. 또 이 과정에서 논농사 전반에 대한 이해를 높여야 한다.

논 수평이 잘 맞고, 언제든 물을 대거나 뗄 수 있는 여건이 된다면 왕우렁이를 넣은 결과는 놀라울 정도다. 거짓말같이 논이 깨끗하다. 벼 사이가 말간 거울 같다.(2부 「직파 보름째, 왕우렁이 넣기」 105쪽 참고)

이렇게 왕우렁이로 잡초 기세를 잡아놓은 논이라도 직파를 한 뒤 물을 빼면 잡초부터 눈에 띈다. 이 잡초는 로타리 치기 전부터 논에서 자라던 풀들. 이를 테면 둑새풀과 고마리. 둑새풀은 두해살이풀로서 겨울을 나고, 한창 꽃이 피고 열매를 맺을 때라 쉬이 눈에 띈다. 로타리 과정에서 살아남은 풀이다. 하지만 이렇게 드문드문 나 있는 풀들은 벼가 올라오는 기세에 크게 영향을 주지 않는다.

직파 뒤 보름쯤 지나면 새로운 잡초가 하나둘 보이기 시작한다. 그렇다고 논에 들어가 김을 맬 수도 없다. 아직도 벼가 어린 데다가 흩뿌림 직파를 했기에 마음 놓고 논 아무 데나 발 딛기가 어렵다. 직파 뒤 한 달쯤 지나 모를 솎을 정도가 되었을 때나 논에 들어갈 수 있다.

사진2 둑새풀

논두렁에서 자라기 시작해, 논으로 야금야금 뻗어가는 수염가래꽃. 마디마다 뿌리를 새롭게 내리는 풀이다. 마디꽃 역시 논바닥이 높은 곳에는 조금씩 올라온다. 미국가막사리도 여기저기 보인다. 수염가래꽃이나 마디꽃은 우렁이를 넣으면 쉽게 해결되는 풀이라 물 위로 자란 상태가

사진3 고마리 한 포기 사진4 수염가래꽃

아니라면 크게 걱정하지 않아도 된다. 미국가막사리는 나중에 김매기 때 한 번 정도 슬쩍 뽑아내면 된다. 그 외 사마귀풀, 미나리 같은 풀들이 여기저기 뿌리 내리는 모습이 눈에 띄지만 잡초 공부하는 셈 치고 넘어가도 될 정도다.

직파 벼에 또 하나 어려운 점은 피다. 피는 벼와 생김새가 비슷해서 구분하기가 어렵다. 모내기 벼는 줄 따라 모가 심어졌기에 그 사이에 자라는 풀은 무조건 피라 보고 뽑아내면 되지만 흩뿌림 직파는 모와 피가 더 구분이 안 간다. 어릴 때는 더욱 구분이 어렵다. 벼가 조금 더 자라, 입혀와 입귀가 보이면 그때는 구분이 가능하다. 피에는 입혀와 귀가 없기 때문이다. 이삭이 팰 무렵이면 누구나 구분할 정도로 두드러지게 눈에 띈다.

내 경험에 따르면 우렁이농법으로 피를 거의 다 잡았어도 물꼬를 따라 들어오는 피가 있다. 그 양이 많지는 않다. 논 수평만 잘 잡아주면 피는 그리 문제 되지 않는다.

벼 직파 제초를 위한 준비 가운데 또 하나는 바로 논 수평 맞추기다. 앞에서 이야기한 대로 논 지도를 그려가면서 해마다 수평을 맞추어주어야 한다.

　위 두 가지가 어느 정도 갖추어지면 벼 직파는 놀이에 가깝지만, 그렇지 못하면 잡초 농사를 짓게 된다. 왕우렁이는 날씨에 따라 다르지만 직파를 한 뒤 보름쯤 뒤에 넣는다. 눈그누기가 끝나고 벼 잎이 두세 장, 키가 7센티미터 남짓 자랐을 때. 늦게 싹이 튼 벼가 물 위로 약 2센티미터 정도 올라왔을 때.

　벼 싹이 가지런히 올라오고 왕우렁이를 제때 넣고 나면 이제 한숨 돌려도 된다. 이제 별일이 없는 한 벼는 저 알아서 자라 한 해 양식이 되어주리라.

2부

여름

벼한테 말 걸기

   여름이 되면 벼는 하루가 다르게 자란다. 그런데 벼만 자라는가? 아니다. 세상 만물이 앞 다투어 자란다. 풀도, 벌레도, 짐승도 다 왕성하다.

   어쩌면 벼야말로 다른 생명들 기세에 눌리기 쉽다. 원산지에서라면 마음껏 자신을 뽐내겠지만 고향을 멀리 떠나 사계절이 뚜렷한 우리나라에서 살아가는 건 벼 처지에서 고달픈 일생일 수도 있다.

   사람은 쌀을 얻을 욕심보다 먼저 고향을 떠나온 벼 처지를 이해해야 한다. 직파는 자연에 많은 걸 맡긴다. 그러자면 벼를 더 많이 더 깊이 알아야 하리라. 공부를 해도 모르면 벼한테 직접 물어보는 수밖에.

직파 보름째, 왕우렁이 넣기

농촌진흥청에서도 직파에 대해서 연구를 하고 자료를 낸다. 그런데 내가 볼 때 문제는 풀 잡기다. 대부분 제초제, 풀을 죽이는 약인 풀약으로 해결한다. 농촌진흥청에서 낸 『벼 무논직파 재배기술 매뉴얼』이라는 자료집에도 제초제에 대해 자세히 다루고 있다. 벼농사 전 과정에서 세 번에 걸쳐 제초제를 치라고 한다. 씨앗을 뿌리기 전, 뿌린 뒤, 그리고 생육 중간에 한 번 더. 외국에서 대규모로 직파를 하는 곳도 대부분 풀약을 친다.

여기서 풀약이 지닌 문제점에 대해서는 자세히 다루지 않겠다. 자연에 가까운 삶과 풀약과는 거리가 멀다. 나는 벼만 남기고 다른 풀을 다 죽이겠다는 발상 자체부터, 잘 상상이 안 된다. 풀약을 치지 않으면서 풀 문제를 해결하는 길이 없을까.

모내기 재배에서는 친환경 벼농사를 하더라도 더 이상 풀이 문제가 되지 않는다. 먹이사슬과 멀칭을 이용한 여러 가지 방법이 실용화되었기 때문. 왕우렁이농법, 오리농법, 쌀겨농법…….

하지만 직파에서 풀 잡기는 아직도 쉬운 문제가 아니다. 모내기 벼에 견주어 한참 늦게 볍씨를 뿌리기에 오리농법은 엄두를 낼 수가 없다. 직파 벼가 충분히 뿌리를 내리는 동안 풀도 기세 좋게 올라온다. 오리를 일찍 넣자니 어린 벼를 먹어치우거나 뿌리를 제대로 못 내린 벼를 마구 헤집어놓기에 벼 직파와 오리농법은 사실상 거리가 멀다.

벼농사 양이 많지 않다고 손으로 김을 매는 것 역시 직파하고는 거리가 멀다. 손으로 김을 매자면 일 년에 서너 번을 논으로 들어가야 하는데, 흩뿌림 직파를 하면 이게 어렵다. 모내기 벼는 가지런하게 모를 심기에 그 골을 따라 사람이 마음대로 다닐 수 있다. 또 벼를 심은 곳과 심지 않은 곳이 일정하기에 손으로 쉽게 김을 맬 수가 있다. 이렇게 하는 일이 고단하기는 하지만 일 자체는 빈 골을 따라 손으로 슥슥 긁어주듯이 하면 된다.

하지만 흩뿌림 직파로 씨앗을 흩뿌려놓은 논은 발 디딜 곳이 마땅치 않다. 벼가 떨어져 자라는 곳이 일정하지 않기에 그 사이사이 보이는 풀을 잡는 것 역시 하나하나 뽑아야 하니 어렵다. 그마나 피가 어릴 때는 벼와 비슷하여 이 둘을 구분하는 것조차 쉽지 않다. 모내기 벼는 모판 상태에서 모를 기를 때 피를 비롯한 풀씨가 없는 상토 흙을 쓴다. 또한 이 모를 본 논에다가 심을 때는 서너 포기를 한 주로 해서 가지런히 심는다. 그렇기 때문에 피가 모와 모 사이로 올라오는 풀은 무조건 피라고 보고 뽑아내면 된다. 하지만 직파에서는 여기저기 흩어져 있어 잎을 자세히 관찰하지 않으면 모와 피를 구분하기가 어렵다.

2~3년 기간을 넉넉히 잡고 준비

벼 직파에서 풀약을 치지 않으면서 풀을 잡는 법은 역시나 왕우렁이다. 다만 우렁이를 넣기 전에 꼭 준비해야 할 일이 두 가지가 있다. 시간을 두고 오래 준비해야 하는 일들이다.

그 하나는 모내기 재배를 미리 두 해나 세 해 정도 하면서 피를 잡고 나서 직파에 들어간다는 것. 또 하나는 논 수평 맞추기. 논 수평 맞추기는 앞에서(1부 「직파 뒤 물 빼기와 논 지도 그리기」 76쪽 참조) 자세히 다루었기에 넘어간다. 다만 다시 강조하고 싶은 것은 둘 다 시간을 넉넉잡고 준비해야 한다는 점이다.

관행논으로 농사를 지어오던 곳이거나 오래도록 묵혀둔 논이라면 그 해 바로 직파를 하는 것에 신중해야 한다. 직파는 자연에 가까운 농사이기에 벼, 풀, 물, 흙, 날씨 따위들을 웬만큼 알아야 한다. 더 나아가 짐승들 그리고 농사를 짓는 본인의 몸과 마음 상태도 빼놓을 수 없는 자연의 한 부분이다. 한마디로 직파를 둘러싼 모든 환경에 자신이 설 때라 하겠다.

사진1 논에 왕우렁이

논 수평이 어느 정도 맞은 논에서 모내기 뒤 5일 이내에 왕우렁이를 넣어주면 거의 98%가량 제초효과를 자랑한다. 논바닥이 거의 거울에 가깝게. 사진1에서 보듯이 풀 한 포기 보이지 않는다. 이 효과는 한 해로 끝나는 게 아니다. 그 이듬해는 풀이 한결 덜 난다.

따라서 직파를 하기 전에 두 해나 세 해 정도 모내기를 하고 우렁이를 넣어 풀을 잡아주면 좋다는 말이다. 이렇게 하면 논에서 흔하게 자라던 피조차 보기가 어려울 정도가 된다. 논에는 피가 몇 포기만 살아남아도 씨앗을 많이 퍼뜨리게 된다. 직파를 하고 열흘 정도면 피가 올라오기 시작한다. 물 위로 솟아난 피를 우렁이는 먹지 않는다. 하지만 땅에서 막 솟아나는, 그러니까 논물 아래에 있는 연하고 어린 싹은 깨끗이 먹어치운다.

모내기를 하고 나서 왕우렁이를 제때 넣어준 다음 논을 잘 관찰해야 한다. 특히 가을에 피가 얼마나 올라오는지 잘 보아야 한다. 이렇

왕우렁이의 일손을 효과적으로 빌리는 방법

왕우렁이는 본래 외래종으로 남아메리카 아마존 강 유역의 늪지에서 사는 패류였다. 근데 이 외래종을 왜 쓰나? 이놈이어야 물밑 논바닥을 기어 다니며 풀을 먹어주기 때문이다.
왕우렁이로 논에 풀을 잡으려 할 때 꼭 알아둬야 할 게 두 가지 있다.
첫째. 왕우렁이가 먹는 풀은 논물 아래에 있는, 그러니까 논바닥에서 갓 올라온 여린 풀이다. 풀이 논물 위로 올라오면 왕우렁이가 안 먹는다. 왕우렁이를 처음 넣는 이들은 우렁이를 넣었는데 왜 풀을 안 먹느냐고 하는데 논물 위로 올라왔기 때문이다. 왕우렁이는 논물 속에서만 활동하기에, 논바닥 수평이 잘 맞아야 한다.
둘째, 왕우렁이는 물 온도가 낮을 때보다 높을 때 먹이활동이 더 왕성하다. 18℃ 아래에서는 활동이 뜸하고 24℃이상에서 활발하다. 왕우렁이 생육 최저 온도는 2℃. 겨울 추위가 심한 곳에서는 대부분 얼어 죽는다.

게 한두 해 해보면 직파에 대한 자신감이 부쩍 생긴다. 그때 가서야 직파를 하는 게 좋다. 참고로 예전부터 왕우렁이농법으로 꾸준히 해온 논에서는 1부에서 본 대로 **논 지도**(78쪽)를 그리면서 논 수평을 어느 정도 맞추기만 하면 바로 직파에 들어가도 된다.

참고로 피는 아주 무서운 놈이다. 논에서 벼와 같이 살게 진화되었다. 피가 잘 자라는 생육조건이 벼와 같다. 벼와 직접적인 경쟁관계다. 그런데 벼와 달리 야생 그 자체라 생명력이 대단하다. 당연히 벼와 경쟁에서 우위에 선다. 벼보다 조금 늦게 싹이 나더라도 먼저 이삭이 패고 영근다. 피는 대부분 벼보다 키가 큰 편이라 벼가 여물기 시작하면 피 역시 벼 이삭 위로 솟아 또렷이 잘 보인다. 논 한 다랑이에 피가 어쩌다 몇 포기 정도라면 아직 씨가 맺히기 전에 바로 뽑아주면서 그 이듬해 직파를 하고, 왕우렁이를 넣어도 된다. 하지만 여전히 피가 많으면 직파하는 해를 늦추어야 한다. 피를 우습게보면

사진2 가을이면 벼 위로 솟아나는 피

사진3 벼와 왕우렁이　　　　　　　사진4 물이 깊은 곳 왕 우렁이

그야말로 '피 본다.'

　왕우렁이를 넣는 시기는 직파한 지 보름 정도쯤. 이때쯤에는 벼가 제법 자랐다. 크기는 손가락 길이 정도, 본 잎이 두세 장 남짓. 논에 넣는 법은 멀리 던질 필요가 없다. 왕우렁이는 껍질이 약해서 자칫 부서질 수도 있다. 논두렁 가에다가 살그머니 한 움큼씩 두면 저희가 알아서 논 여기저기로 흩어져 간다.

　왕우렁이는 물이 깊은 곳의 어린 벼를 일부 먹기도 한다. 하지만 그리 많지는 않다. 또한 이를 처음부터 예상하고 볍씨를 조금 넉넉히 뿌리는 거다.

거울처럼 맑은 제초효과

왕우렁이를 넣는 양은 논 상태에 따라 다른데, 일반적으로 모내기 벼에서는 10a에 4킬로그램 정도. 직파 벼에서도 그 정도 양을 넣되 가능하면 좀 작은 왕우렁이를 넣어주는 게 좋다. 왕우렁이농법은 이제 많이 보급이 되어 전문양식장도 많이 생겼고, 웬만한 지자체에서는 왕우렁이 구입에 드는 돈을 일부 지원해준다.

'벼가 어린데 왕우렁이를 넣어도 괜찮을까?'
'어린 벼를 다 먹는 건 아닐까?'
이 역시 모내기 벼에 익숙하기 때문에 생기는 고민거리라 하겠다.
나 역시 처음 시작할 때는 고민이 많았다. 실험을 다양하게 하면서 왕우렁이를 넣어보았다. 처음에는 직파 25일쯤 지난 뒤 왕우렁이를 넣었다. 벼가 어릴 때 왕우렁이가 다 먹어치울지도 모른다는 두려움 때문에 가능한 한 늦게 왕우렁이를 넣었다. 그 결과 80% 정도 풀을 잡았다. 그다음부터는 20일쯤에도 넣어보고 보름쯤에도 넣어보았다. 일찍 넣을수록 제초효과는 좋았다. 그렇다고 너무 일찍 넣을 수는 없다.
문제는 벼를 얼마나 먹느냐이다. 여러 시도를 해본 결과 벼가 단순히 어리다고 더 많이 먹지는 않는다. 물론 물이 깊은 곳에서는 벼를 많이 먹어치우기도 했지만 논 수평이 잘 맞고, 벼가 물 위로 솟아

사진5 일찍 넣을수록 제초효과는 좋다.

났다면 왕우렁이 피해가 그리 크지 않다. 또 왕우렁이가 벼를 조금 먹을 걸 예상하고 볍씨를 넉넉히 뿌렸기에 큰 피해가 없다.

왕우렁이를 논에 넣고 나서 한 달까지가 고비다. 논물 속에서 자라고 있던, 웬만한 풀은 왕우렁이가 한 달 정도면 거의 다 먹어치운다. 새로 올라오는 풀들은 그야말로 작고 어린 새순이기에 왕우렁이에게는 한입거리도 안 된다. 다만 왕우렁이가 미처 잡지 못한 풀은 물 위로 계속 자라게 되는데 이건 왕우렁이 몫이 아니고, 사람 몫이다. 벼가 자라는 데 크게 지장이 없는 정도 풀이라면 그냥 넘어가도 된다. 벼를 밀어낼 정도로 세력을 뻗칠 녀석들이라면 짬을 내어 뽑아낸다.

왕우렁이를 넣을 때 크고 작은 게 뒤섞이기 마련인데, 큰 놈은 한 달 사이 다 자라 짝짓기를 하고 알을 낳기 시작한다. 왕우렁이 알이 물에 잠기면 삭아버리기 때문에 어미 왕우렁이는 벼 줄기나 논두렁에다 분홍색 알을 낳는다. 모내기 벼에서는 어느 정도 자란 벼를 심기에 벼줄기에다 곧바로 알을 낳지만 직파 벼에서는 벼가 어리기에 여기다 왕우렁이가 알을 낳을 수가 없어 논두렁으로 많이 올라온다.

왕우렁이 알이 부화하는 기간은 온도에 따라 다르지만 대략 두 주 정도. 왕우렁이는 작은 놈들이 식성도 좋다. 그동안 먼저 넣었던 왕우렁이들의 먹이활동으로 논에 먹을 게 많지 않은 상태인데 어린 새끼마저 깨어나면 논은 더 깨끗해진다. 그럼 먹을거리가 없어진 왕우렁이들은 한사코 논두렁을 넘어 탈출하고자 한다. 이러니 논바닥 풀이 거의 사라지면 이때부터 사실상 왕우렁이 사육을 해야 할 지경이다. 왕우렁이가 먹을 풀을 일부러 베어 논에다가 가끔 넣어준다. 풀

사진6 왕우렁이 알 낳는 모습   사진7 왕우렁이가 물꼬를 못 넘어가게 철망 설치

가운데 논두렁에서 잘 자라는 질경이를 아주 좋아한다. 안 그러면 아무래도 벼를 조금 더 먹게 된다.

왕우렁이가 먹을거리를 찾을 때는 더듬이로 더듬으며 배다리로 천천히 움직이지만 멀리 이동하고자 할 때는 물 위로 몸을 띄워 흘러간다. 보통 때는 물이 들어오고 나가는 물꼬에는 사진7에서 보듯이 오밀조밀한 철사망을 설치한다.

다만 장마철에 비가 많이 내린다는 예보가 있으면 미리 논에 든 물까지 빼주는 게 좋다. 그렇지 않으면 한꺼번에 많은 물이 물꼬로 넘치면서 왕우렁이도 물꼬로 몰려든다. 어느 순간 철사망이 왕우렁이로 막혀 물이 제대로 넘어가지 못하게 된다. 그럼 논두렁이 터지게 된다. 장마철에는 자주 물꼬를 살펴야 한다.

왕우렁이농법의 문제 가운데 하나는 장마 전에 닥치는 가뭄이다. 가뭄이 들어 논바닥이 마르면 왕우렁이는 땅속으로 숨는다. 다시 논에 물이 들어올 때까지 먹이활동을 쉰다. 이럴 때 논에 자라는 풀은 논바닥이 드러나면 때를 만난 듯 광합성을 마음껏 하면서 왕성하게 자란다. 그러니까 일시적인 가뭄이 들면 왕우렁이는 맥을 못 추고 풀은 춤을 춘다. 이런 해는 풀과 전쟁을 치러야 한다.

또 하나 어려운 점은 왕우렁이가 독한 풀약에 약하다는 점이다. 나 혼자만 약을 안 친다고 되는 게 아니다. 독한 약을 친 인근 논의 물이 들어오지 않게 주의해야 한다.

이 외에 새 피해가 있지만 그리 크지는 않다. 왜가리는 왕우렁이를 좋아한다. 그 큰 새가 왕우렁이를 잡아먹기 위해 논으로 들어와 여기저기 다니면 그 발길에 어린 벼가 땅속으로 곧잘 묻힌다. 하지만 피해는 그리 크지 않다.

논 생물만 한정해본다면 왕우렁이는 그야말로 왕에 가깝다. 논에 자라는 풀은 풀약한테는 내성이 생기지만 왕우렁이한테 내성을 갖지는 않는다. 사람 처지에서 보자면 해마다 논이 안정된다고 할까. 때로는 끔찍할 정도로 논바닥을 깨끗이 한다. 손으로 두 해 정도 김을 매본 나로서는 정말이지 왕우렁이한테 절이라도 하고 싶은 마음이다. 처음 한 달 정도는 기꺼이 왕으로 모실 만하다.

앞에서 본 대로 벼 직파를 하면서도 왕우렁이를 이용한 제초가 가능하려면 준비해야 할 것도 많고 마음 써야 할 것도 적지 않다. 그래서 나 나름 풀약을 치지 않고 풀을 잡기 위한 노력과 실험을 다양하게 계속해보고 있다. 그 이유는 누구나 쉽게 직파를 했으면 하는 기대 때문이다.

사실 논에 넣기 가장 좋은 왕우렁이는 '중패'다. 중패는 알에서 깨어나 손가락 마디 크기로 자란 왕우렁이를 뜻한다. 10a당 4킬로그램 정도(1,000~1,500개) 뿌려준다. 다만 중패만 따로 구하기가 쉽지가 않다.

여기 견주어 알에서 깨어난 지 한 달 정도 지난 새끼 왕우렁이를 '치패'라 한다. 크기가 콩알 정도. 이 정도면 너무 작아 왜가리들이 먹으려고 논으로 날아들지 않는다.

이렇게 나 나름 실험으로 하고 있었는데 마침 농촌진흥청에서도 연구 결과를 냈다. 치패는 10a당 1킬로그램(2,000개) 정도만 넣어준단다. 치패는 중패보다 벼 잎을 갉아먹는 피해도 더 적다. 눈그누기를 마치고 물을 조금씩 대자마자 넣어도 된다. 중패를 사용했을 때보다 치패를 이용한 제초 효과가 3% 정도 더 높다고 한다.

치패 역시 구하기가 쉽지 않다. 지자체에 따라 다른데 이를 보급하는 곳도 있지만 아직까지 치패에 대한 이해 부족으로 보급이 안 되는 곳이 적지 않다. 이제 벼농사는 농가만의 노력을 넘어 지자체의 이해와 관심이 절실하다.

참고로 왕우렁이 알을 이용한 제초도 벼 직파에서는 연구할 가치가 있지 않을까? 막 알에서 깨어난 새끼 왕우렁이 크기는 들깨알만하다. 그러니까 알에서 깨어나는 시기와 직파시기를 잘 맞춘다면 좀

사진8 새끼우렁이는 들깨알, 수수알 크기

사진9 논두렁의 우렁이 알

더 일찍 풀 잡는 일도 가능하리라. 직파는 이렇게 연구할 영역이 무궁무진하다.

여름철 보양식,
왕우렁이 강된장

  벼 직파재배를 이야기하는데 요리라니 뜬금없이 느껴질 수 있다. 하지만 왜 농사를 짓나 또는 왜 사는가 하는 근본 물음을 던진다면 쉽게 이해할 수 있지 않을까?

  예전에 벼농사는 고생 그 자체였다. 다 몸 움직여 일을 했다. 논을 갈고, 써레질하고, 모내기하고, 김매고……. 논갈이와 쎄레질은 소 도움을 받지만 이 일 역시 소를 모는 사람도 힘이 엄청 든다. 손모내기도 하루가 아닌 일주일쯤 계속하면 그야말로 허리가 끊어질 듯하다. 내 어린 시절을 돌아보면 여러 집과 어울려 품앗이로 했다. 모내기철이면 보름 정도는 잠조차 제대로 잘 수 없을 만큼 일에 쫓겼고, 허리 펼 시간조차 드물었다.

  이렇게 동네마다 모를 다 내고 나면 그때부터는 김매기 철. 첫 논 김매고 나서 마지막 논김을 매고 다시 첫 논으로 오면 또 김을 매야 했다. 김매는 시기는 여름 뜨거운 햇살이 내려쬐는 뙤약볕인 데다가 무논이라 앉아 쉴 곳도 마땅치 않다.

여기에 견주어 지금 벼농사는 기술과 지혜가 발달해서 농사 그 자체는 그리 어렵지 않다. 기계화되어 쉽게 로타리를 치고, 기계로 모를 내고, 왕우렁이를 넣어 손쉽게 풀을 잡는다. 콤바인으로 잠깐 사이 타작을 끝낸다. 다만 걸림이라면 농사가 돈이 안 되는 산업이라는 구조적인 문제와 기계 의존 또는 석유 의존이라는 문제를 안고 있다.

삶이 편리하기는 하지만 이게 즐거움으로 곧바로 이어지는 것은 아니다. 옛날이나 지금이나 벼농사를 지을 거면 논에서 나는 것들을 되도록 잘 살려야 하지 않겠나. 옛날에는 가을걷이 끝나면 논바닥을 뒤져 우렁이를 잡거나 웅덩이에서 미꾸라지를 잡아 몸보신을 했다.

이 우렁이는 논우렁이과로 토종이며 수입산 왕우렁이랑 다르다. 왕우렁이는 알을 낳지만 우렁이는 어미 몸속에서 부화하여 새끼로 태어난다. 내가 자랐던 경북에서는 골뱅이라 불렸는데, 논에 농약을 치고 수질이 오염되면서 지금은 많이 사라지고 산골 외딴 방죽 같은 곳에 일부가 살아남은 상태다.

우렁이에 대한 아쉬움을 왕우렁이로 달래보고자 나 나름대로 이리저리 요리법을 궁리해보았다. 솔직히 처음에는 먹을 생각조차 하지 못했다. 행여나 왕우렁이가 한 마리라도 물꼬를 넘어가면 잡아서 다시 논으로 넣곤 했다. 지금 생각하니 쓴웃음이 나온다.

그러다가 왕우렁이를 알아갈수록 이놈을 먹어주는 게 여러 모로 좋다는 결론을 내렸다. 앞에서 보았듯이 왕우렁이는 넣은 지 한 달 정도면 바닥에서 올라오는 웬만한 풀은 거의 다 먹어치운다. 새롭게 돋아나는 풀은 양이 아주 적은데 왕우렁이는 하루가 다르게 자란다. 다 자란 왕우렁이는 짝짓기를 하고 이제 알까지 낳는다.

사진1 알은 하얀 빛깔일수록 깨어날 때가 된 것이다.

한 번에 큰 놈은 400~500개 정도, 좀 작은 놈은 100~300개 정도를 낳으며 자주 짝짓기를 하고 한 달에 두어 번씩 알을 낳는다. 그러니 얼마나 빠른 속도로 번식하는가. 날씨에 따라 조금 차이가 있지만 알을 낳은 지 보름 정도면 분홍빛 알이 서서히 희게 바뀌면서 깨어난다.

그러니까 논바닥이 웬만큼 깨끗하다 싶으면 부지런히 왕우렁이를 잡아서 사람이 먹는 게 여러 모로 좋다. 왕우렁이는 고단백질 영양덩어리다. 왕우렁이는 풀만 먹지 않는다. 잡식성이다. 논에서 죽은 생명체, 이를테면 지렁이 같은 놈들도 곧잘 먹어치운다. 심지어 같은 왕우렁이 죽은 것들의 내장까지 파먹을 정도로 먹성이 좋다. 한번은 논에서 죽은 뱀에게 달라붙어 왕우렁이 수십 마리가 먹어치우는 걸 본 적도 있다. 열흘쯤 지나니 뱀을 거의 다 먹었다. 이럴 정도니 논에 왕우렁이는 그야말로 오염되지 않아 깨끗한 종합영양덩어리라 하겠다.

그런데 이 왕우렁이는 토종 우렁이와 달리 냄새가 좀 고약하다.

사진2 열댓 마리가 달려들어 죽은 뱀을 먹어치운다.

요리를 잘하지 않으면 비위가 약한 사람은 먹기 어렵다. 아니, 요리 자체가 어렵다. 그럼에도 워낙 번식력이 좋으니…… 이걸 어찌 하면 먹을 수 있을까? 이래저래 시행착오를 하다가 나름 방법을 찾았다.

요리를 잘하는 비결은 첫째, 충분히 해감을 한다. 왕우렁이 껍질은 논바닥을 누비고 다녀 논흙이 묻어 있고, 논 냄새도 많이 배어 있다. 게다가 왕우렁이 특유의 냄새가 역겹다. 왕우렁이를 잡은 다음 우선 맑은 물로 왕우렁이 껍질에 붙어 있는 논흙을 씻는다. 그리고 하루나 이틀 정도 해감을 한다. 이때 왕우렁이들한테 먹을거리로 풀을 조금씩 넣어준다. 그렇지 않으면 이놈들이 제 동료를 잡아먹기도 한다.

왕우렁이를 데칠 때도 고약한 냄새가 난다. 이를 없애는 방법은 된장을 이용하는 거다. 물을 팔팔 끓인 다음 된장을 반 술 정도 넣고 왕우렁이를 넣으면 고약한 냄새가 거의 사라진다. 된장이란 잡냄새까지 없애주니 참 놀라운 양념이다.

그다음 요리 포인트는 된장과 고추장의 활용이다. 요즘은 인터넷에 다양한 요리법이 나와 있기도 하지만 내가 자주 하는 요리는 왕우렁이 볶음과 왕우렁이 강된장이다.

왕우렁이가 논에서 중요 임무를 거의 끝낼 무렵이 마침 햇감자가 나오는 철이기도 하다. 감자를 넣은 왕우렁이 강된장은 제철 보양식이다. 뜨거운 여름철은 물론 논바닥을 말리는 가을까지 내내 잘 먹을 수 있다. 논 풀 잡고 몸에 좋은 음식이 되니 꿩 먹고 알 먹기다. 아니, 이 표현으로도 부족하다. 논을 오고갈 때마다 왕우렁이한테 인사를 드린다. 고맙다. 왕우렁이야.

왕우렁이 강된장(네 사람 분)

> **재료**
> 왕우렁이 속살 한 움큼, 감자 세 알, 양파 반쪽, 애호박 반쪽, 된장 두 술, 고추장 반 술, 매운 풋고추 두 개, 다시국용 멸치와 다시마 그리고 양파껍질 조금.

사진3 **왕우렁이 강된장**

1. 뚝배기에 멸치와 다시마 그리고 양파껍질(우린 뒤 빼낸다)을 넣고 밑국물을 우린다. 이때 물을 두 컵 정도만 붓는다. 물이 자작자작해야 강된장 맛이 난다.

2. 냄비에 물을 끓이고 된장을 반 술 정도 넣은 다음 해감한 왕우렁이를 한꺼번에 넣는다. 이렇게 해야 왕우렁이가 입을 잘 벌려 속살을 손질하기가 편하다. 처음에는 거품이 부글부글 끓어오르다 잦아들고 냄비 속 물에 보글보글 끓는 게 다 보이면 살이 다 익었다는 표시다. 꺼내서 살만 빼낸다.

3. 이 속살을 된장 두 술, 고추장 한 술에다가 버무린다. 잡냄새를 없애고 간이 잘 배게 20분쯤 둔다.

4. 감자 두 알을 잘게 썰어 1의 밑국물과 함께 끓인다.

5. 4가 웬만큼 익으면 감자 한 알은 강판에 갈아 넣어, 감자 전분이 잘 우러나도록 한다. 양파와 애호박 그리고 풋고추를 썰어, 3, 4, 5를 함께 익힌다.

사진4 왕우렁이의 속살

왕우렁이 볶음

> **재료**
> 데쳐서 손질한 왕우렁이 속살 한 줌, 양념장(고추장 한 술, 효소 한 술, 소금 약간, 간장 두어 술, 매실주 한 잔,) 갖은 제철 채소(양파 한 개, 당근 하나, 애호박 반쪽, 마늘종 몇 개)

1. 왕우렁이는 논물 특유의 냄새가 난다. 이를 잡기 위해 양념장에 매실주나 오미자주를 한 잔 정도 넣는다.
2. 프라이팬에 기름을 살짝만 두르고 왕우렁이 속살과 양념장과 갖은 채소를 넣고 볶아내면 된다.

여름철, 돈 안 들이고 먹는 우리 식구 보양식이다. 그만큼 자급형 논농사를 짓는 즐거움을 일상에서 누리는 셈이다. 이 요리 맛을 알고부터는 논바닥에 풀이 없어질 무렵부터는 논두렁 둘레 풀을 일부러 베다가 논에 넣어준다. 말하자면 왕우렁이 사육을 하는 셈이다.

> **왕우렁이는 닭에게도 보양식**
> 왕우렁이 속살을 발라내고 남은 내장과 껍질을 절구로 잘게 빻고 나서 닭에게 먹이면 달걀을 잘 낳는다.

가지치기(분얼)에 대한 이해와 공부

벼를 직파하는 매력 가운데 하나가 분얼이다. 분얼은 벼 한 포기에서 마치 여러 포기처럼 가지를 새롭게 뻗는 걸 말한다. 우리말로 가지치기 또는 새끼치기라 한다. 그러니까 보통 식물은 중심 줄기가 있고 마디에서 곁가지를 낸다. 가지, 고추, 콩 같은 작물이 자라는 걸 보면 알기 쉽다.

그런데 볏과식물은 뿌리에 가까운 줄기의 마디에서 새로운 가지가 갈라져 나온다. 이를 분얼이라 한다. 얼핏 우리 눈에 보이는 모습은 한 포기 벼가 아니라 여러 포기다. 그러니까 분얼은 엄밀히 말하면 새끼치기는 아니다. 새끼란 세대가 달라야 하는데 벼 분얼은 한 몸에서 갈라지는 거니까 가지치기라는 말이 맞다.

모내기 재배에서는 가지 치는 모습이 그리 도드라지지 않는다. 여러 포기를 심는 데다가 깊게 심으니까 가지치기를 제대로 하지 못하게 된다. 그리고 무엇보다 빼곡하게 심으면 가지치기를 하지 않는다. 아니, 벼가 하고 싶어도 할 수가 없다.

사진1 상자째 벼는 제대로 가지치기는 제쳐두고 제대로 자라지 못한다.

그 극적인 보기로 먼저 사진을 보자. 사진1은 기계로 모를 심고 남은 모판 상자 모다. 버리기 아까워 논 가장자리에 둔 것이다. 모가 푸르기보다 누런 빛깔이다. 그 곁에 모를 낸 벼는 한창 잘 자라면서 푸른빛을 띤다. 상자 벼는 빼곡하게 심어놓은 상태라 거름이 절대 부족하다. 물론 뿌리 뻗을 땅도 부족하고, 햇살도 부족하다. 시간이 갈수록 경쟁만 치열하다. 하지만 아무리 경쟁해도 땅이 좁은 걸…….

나중에는 벼 이삭조차 제대로 패지 못한다. 당연히 벼꽃도 제대로 피울 수 없고, 그나마 몇 포기는 어렵사리 꽃을 피웠지만 충실한 낟알이 되기가 어렵다. 상자 전체 다 해봐야 몇 알 되지 않았다. 만일 이듬해 이 볍씨로 씻나락을 한다면 싹이나 제대로 날까.

반면에 직파는 그야말로 자연 상태에 가깝다. 싹이 막 난 볍씨가 땅에 떨어져 뿌리를 뻗어가고 잎을 낸다. 이 과정에서 가지치기 모습을 잘 보게 된다. 모내기에서는 벼를 한 번 옮겨심기 때문에 그 과정에서 벼가 몸살을 한다. 뿌리가 새로운 환경에서 새롭게 활착하는 동안 잎이 누런빛을 띤다. 말하자면 '모내기 몸살'이다.

하지만 직파는 벤 곳의 벼를 솎아서 다시 심어주는, 아주 일부를 빼고는 모내기 몸살이 없다. 벼는 본잎이 4매가 될 무렵부터 분얼을 시작. 분얼경에 따라 차례로 뿌리를 내리고 가지를 뻗는다. 벼가 자람에 따라 원줄기에서 제1차 분얼을 하고, 1차 분얼에서 다시 제2차 분얼, 제2차 분얼에서 다시 제3차 분얼을 한다.

다만 직파에서는 벼마다 가지치기가 제멋대로다. 사진3은 5월 중순에 직파를 한 뒤, 한 달 뒤인 6월 16일의 모습이다. 왼쪽 벼는 벌써 세 개로 갈라져 나왔다. 뿌리 내림이 좋은 녀석들은 이렇게 새 가지를 먼저 쭉쭉 뻗는다. 벼 한 포기에 막대기로 기준 표시를 하고 가지치기를 관찰해보았다. 사진4는 6월 18일 벼인데 가지치기를 네 개 했다. 그 뒤 날마다 관찰을 하였는데 7월 초가 되자 사진5에서 보듯이 얼추 열 개 이상 가지를 쳤다. 모양도 부챗살처럼 사방으로 펼쳐진다. 줄기를 잡아보면 짱짱하다. 뽑으려고 하면 그 반작용이 커, 쉽지

사진2 가지치기는 새로운 뿌리와 함께한다. 하얀 뿌리가 새 뿌리다.

사진3 직파 한 달 후 가지치기 비교

사진4 분얼 넷   사진5 10개 이상 분얼

가 않다.

여기 견주어 여전히 처음 씨앗을 뿌린 한 포기 그대로인 벼도 있다. 대개 빼곡하게 뿌려진 곳의 벼들이 그렇다. 모판 상자 벼와 크게 다를 게 없다. 이런 벼는 뿌리 활력이 없어 그저 목숨만 부지하고 있는 셈이다. 뽑으면 쉽게 뽑히고 뿌리 빛깔도 갈색으로 힘이 없다. 뿌리 길이도 짧다.

자, 이제 다시 사진6을 참고하면서 모내기 벼와 직파 벼 둘을 같이 보자. 직파 두어 달 뒤인 7월 17일 왼쪽은 직파 벼, 오른쪽은 모내기 벼다. 모내기 벼는 처음 심을 때 한곳에 열 포기가량 심은 벼가 다 합해서 스무 포기 정도 가지를, 직파는 볍씨 한 알이 논에 떨어져 10개쯤 가지를 친 모습이다.

당장 눈에 띄는 모습은 키와 빛깔 차이겠다. 모내기 벼가 키도 크고, 잎도 한결 푸르다. 그 이유는 볍씨를 뿌린 날짜가 20일 정도 직파보다 이르기 때문. 직파는 5월 중순에 뿌렸는데 모내기 벼는 이보다 20일쯤 빨리 볍씨를 상자에 뿌려서 키우니까 초기 생육이 빠를 수밖에. 하지만 같은 품종이라면 벼꽃이 필 무렵, 이 키 차이는 사라진다.

사진6 직파 벼는 볍씨 한 알에서 열 개 정도 가지치기(왼쪽)를 한 반면, 오른쪽 관행 벼는 한꺼번에 열 포기를 심었으니 포기당 하나 정도 가지치기를 하고 말았다. 사진7 확대한 사진에서 뿌리를 잘 보라.

　이제 뿌리를 살펴보자. 사진7은 사진6의 뿌리 쪽을 확대한 모습이다. 모내기 벼는 직파 벼에 견주어 뿌리가 짧다. 빛깔도 직파 벼는 하얀 뿌리가 많은데 모내기 벼는 진한 갈색이 많다. 뿌리가 짧다는 건 땅 표면에서만 뿌리를 내린다는 걸 뜻한다. 새 뿌리는 흰빛을 띠며, 새 뿌리일수록 생명력이 좋다. 새 뿌리가 웬만큼 역할을 하면 늙어가면서 붉은 빛을 띠다가 흙빛으로 바뀐다.

　그렇다면 여기서 뭔가 의문이 들지 않는가. 뿌리가 짧고 약한데 잎은 푸르다? '겉볼안'이라는 말이 있듯이 뿌리와 잎은 서로 밀접하게 연결되어 있어야 하는데 그렇지가 못한 것이다. 그 이유는 사람이 주는 비료에 있다. 뿌리를 튼튼히 하고 거기에 걸맞게 벼 스스로 잎을 키워야 자연스럽다. 뿌리와 잎이 하나로 연결되어 순환작용을 하면서 한해살이를 하는 게 너무나 당연한 자연의 이치리라.

　그렇지가 못하니까 당장 사람 마음이 급하다. 화학비료라도 뿌려서 잎으로나마 광합성을 촉진하고자 한다. 모내기를 한 뒤 며칠 뒤

요소비료를 뿌려준 논을 보면 믿기지 않을 정도로 잎이 진한 녹색으로 바뀐다. 하지만 그럴수록 뿌리는 제 할 일을 못 찾는다. 링거 맞고 기운을 차릴 때는 위장, 소장이 할 일이 없는 것처럼. 벼 스스로 옆으로 또 깊게 뿌리를 뻗어가며 땅속 양분을 끌어와야 하는데 그렇지가 못한 거다.

사진7에서 좀 더 눈여겨 볼 부분이 있다. 줄기와 뿌리 사이다. 하얀빛과 붉은 빛이 섞인 곳. 이렇게 빛깔이 나는 이유는 이 부분이 흙속으로 들어가 있기 때문. 모내기 벼는 땅속으로 3~4센티미터 깊이로 묻힌다. 직파는 그 반쯤인 1~2센티미터다. 직파 벼는 스스로 뿌리를 잘 뻗어 뿌리 힘으로 비바람을 견딘다.

끝으로 사진6에서 눈여겨볼 부분은 가지치기를 한 전체 모습이다. 모내기 벼는 위로 많이 자라고 빼곡하다. 바람이나 햇살이 비집고 들어갈 틈이 적다. 직파 벼는 부챗살 모양으로 펼쳐진다. 가지치기를 했지만 가지마다 적당한 간격이 있어 바람도, 햇살도 잘 통한다. 이렇게 자라면 생명력이 강하여 병이 오질 않는다.

그리고 가지치기를 했다고 다 꽃을 피우고 열매를 맺는 게 아니다. 가지치기 가운데 꽃을 피우고 열매를 맺을 수 있는 걸 '유효 분얼'이라 한다. 이 말이 어려우니까 우리말인 '참가지치기'라 부르자. 그러니까 알곡이 될 수 있는 가지치기다.

여기 견주어 가지치기를 했지만 꽃을 피우지 못하는 가지가 있다. 헛가지요, 헛가지치기(무효분얼)다. 참가지치기를 하다가 헛가지로 넘어가는 시기는 대략 이삭 패기 약 한 달 전쯤이다. **벼 한살이 그림**(131쪽)을 보면 알기 쉽다. 조생종 벼를 5월 중순에 직파를 했다면 그

석 달쯤 뒤인 대략 8월 중순에 이삭이 패고, 벼꽃이 핀다. 여기서 한 달을 거꾸로 가서 7월 중순부터 가지치기를 한다면 헛가지치기가 될 가능성이 높다.

참가지치기를 하고 이삭이 생기기 시작하는 때부터를 유수형성기(幼穗形成期)라 한다. 유수란 우리말로 어린 이삭이다. 그러니까 어린 이삭이 분화하여 벼 낟알의 껍질이 생기는 시기다. 이 이삭은 줄기 속에서 생기니까 처음에는 눈으로 볼 수가 없다. 어린 이삭은 다시 20일 정도 지나면 이제 수잉기(穗孕期)를 거친다. 우리말로 하자면 '알배기'다. 이는 이삭이 잎집(엽초) 속에서 생장하면서 줄기가 알을 밴 것처럼 볼록하게 되는 상태. 하지만 아직 밖으로는 이삭이 패지 않은 시기로 대략 열흘 정도. 사진8은 7월 하순의 벼다. 벼 줄기가 제법 통통하다.

직파는 자연에 가깝다. 자연 환경이 어떻게 바뀔지 모르기에 벼는 환경에 맞추려고 한다. 먼저 가지치기한 것이 병해충에 당할 수도 있고, 가뭄이나 홍수 따위로 제 역할을 못하는 것에 대비한다. 모든 조건이 완벽하다면 이론상으로는 볍씨 하나가 40개가량 가지를 친다고 한다. 따뜻한 곳일수록 가지치기를 많이 한다. 일본 아카메 농장으로 농업 연수를 다녀온 사람들 말을 빌리면 한 포기만 심은 벼가 30여 포

사진8 벼 줄기가 제법 통통하다.

그림5 벼 한살이 그림

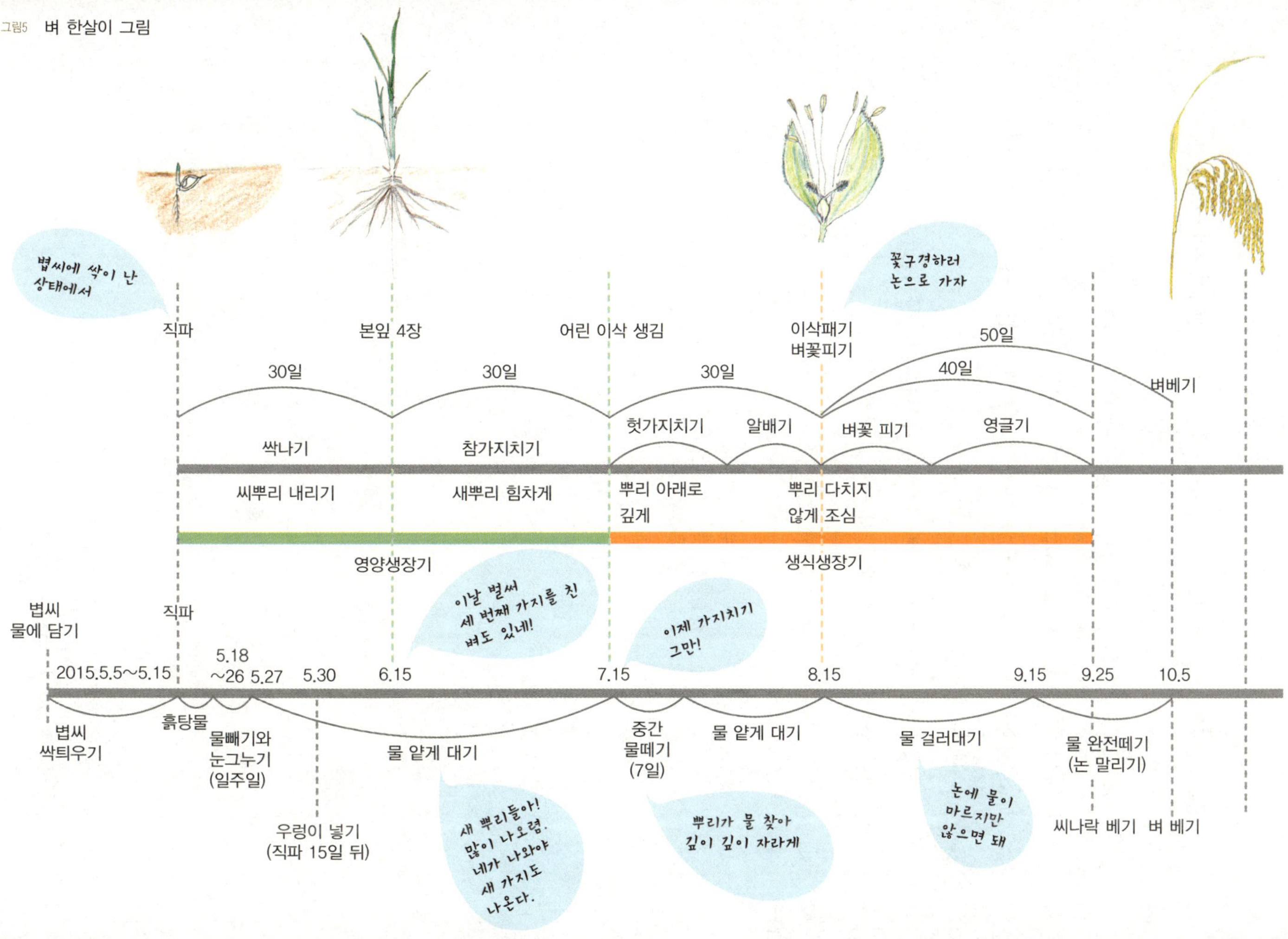

2015.5.5~5.15 | 5.18~26 | 5.27 | 5.30 | 6.15 | 7.15 | 8.15 | 9.15 | 9.25 | 10.5

벼 물에 담기 / 직파 — 볍씨 싹틔우기
흙탕물 / 물빼기와 눈그누기 (일주일)
우렁이 넣기 (직파 15일 뒤)
물 알게 대기
물 알게 대기
중간 물떼기 (7일)
물 알게 대기
물 걸러대기
물 완전떼기 (논 말리기)
써나락베기 벼 베기

싹나기 / 새뿌리 내리기
본잎 4장
참가지치기 / 새뿌리 힘쭈치게
어린 이삭 생김
헛가지치기 / 뿌리 아래로 깊게
알베기
이삭패기 / 벼꽃피기
벼꽃 피기
영글기
벼베기

30일 / 30일 / 30일 / 40일 / 50일

영양생장기
뿌리 다지지 / 않게 조심
생식생장기

말풍선들:
- 볍씨에 싹이 난 상태에서
- 새 뿌리들아! 이 난 벼에 가지를 친 네 번째 가지를 / 많이 나와야 / 내가 가지도 / 내 가지도 / 나온다.
- 이제 가지치기 그만!
- 뿌리가 물 찾아 / 깊이 길이 자라게
- 논에 물이 / 마른 지가 / 낫으면 돼
- 꽃 구경하러 / 논으로 가자

기로 가지치기를 하고 있단다. 우리처럼 추운 곳에서는 상상하기 어려운 숫자다.

직파에서는 어느 정도 헛가지를 감수할 수밖에 없다. 직파는 이앙에 따른 걸림이 없기에 벼가 지닌 발근력에 따라 분얼을 형편껏 한다. 하지만 어느 정도 사람이 가지치기를 억제할 필요가 있다. 헛가지를 적게 뻗어 헛심을 덜 쓰게 하고자 함이다.

그 방법이 물떼기다. 그 자세한 이야기는 2부 물 관리(「논물 관리: 물떼기와 물 걸러대기」 150쪽)에서 자세히 다루었다.

솎아심기와 1차 김매기

직파 한 지 한 달이 지나면 해야 할 일이 두 가지다. 벼 솎아심기와 1차 김매기를 한다. 직파라고 마냥 쉬운 것만은 아니다. 벼는 싹이 튼 지 한 달쯤 지나면 자신이 갖고 있는 배젖을 다 쓰게 된다. 그러면서 새롭게 뿌리를 뻗고 가지치기를 하게 된다.

손으로 흩뿌림을 하다 보면 아무리 잘한다고 해도 모가 들쑥날쑥하다. 사진1에서 보듯이 지나치게 베거나 성긴 곳이 생기게 마련이다.

사진1 직파 보름째 벤 곳과 성긴 곳

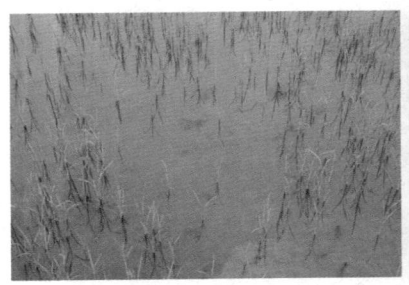 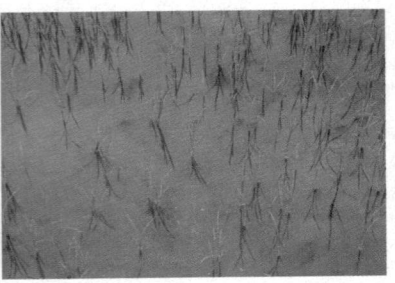

사진2 뿌린 상태 그대로 벼 　　　　　사진3 솎아심은 모습

솎아심기란 벤 곳의 모를 솎아, 성긴 곳에다가 다시 심는 걸 말한다. 사진2는 흩뿌림 상태 그대로 솎기 전 모습이며, 사진3는 벤 곳의 모를 뽑아 성긴 곳에다가 다시 심은 모습이다.

모내기 벼를 생각한다면 모내기를 한 뒤 빠진 곳을 때우는 과정이라 보면 된다. 이를 '땟모'라고 하는 데 이 말은 '때우다'는 말에서 나온 것. 기계로 모내기를 하다 보면 드문드문 모가 제대로 땅에 박히지 않고 물 위로 뜨게 된다. 마치 이빨이 빠진 모양새인데, 이 빈자리를 사람이 모를 가지고 다니면서 하나하나 손으로 때우는 일이라 그렇게 부른다.

땟모에 견주어 흩뿌림 직파는 '솎아심기'가 필요하다. 지역에 따라 다르지만 보통 모는 교과서식으로 말하자면 1평방미터(가로, 세로 1미터)에 100개 정도를 적당량으로 본다. 이를 작은 단위로 풀어보자면 가로, 세로, 위, 아래 10센티미터마다 모가 하나씩이면 된다는 말이다.

기계로 하지 않는 한 이 간격을 맞추기는 어렵다. 흩뿌림 직파는 손으로 흩뿌린 상태이기에 자연의 모습에 가깝다. 들쑥날쑥할 수밖에 없다. 솎아심기를 할 때도 역시 기계 모내기처럼 줄 맞추어 한다고 생각할 필요가 없다. 웬만큼 몰려 있다 싶으면 뽑고, 좀 드물다 싶은 곳에다가 이를 다시 심는다. 바닥이 깊어 제대로 싹이 나지 않는 곳에는 옮겨 심을 일이 많다.

그리고 벼가 지나치게 몰려서 났다면 아예 뽑아버린다. 허리 숙여 손으로 다시 뽑는 것도 일이 되기에 조금 많다 싶으면 앞에서 살펴본 대로 기다란 괭이로 수로를 내듯이 그냥 긁어준다. 벼가 되도록 어릴 때, 즉 일찍 긁어주면 일이 쉽다. 시간이 지날수록 벼가 뿌리를 깊게 내리기에 나중에는 괭이로 긁어도 잘 뽑히지 않는다.

늦게 옮겨 심는 관계로 이 벼가 다시 뿌리 내리는 데 일주일 정도 시간이 걸린다. 새로운 곳에서 새롭게 뿌리내리는 동안에는 가지치기를 할 수가 없다. 그런 만큼 모를 한 번 꼽을 때 포기 수를 늘려 3~4포기를 심는다. 벤 곳의 모를 뽑으면서 발 디딜 곳을 확보한다. 이렇게 해두면 논을 다니기에 좋아 김매기도 어느 정도 가능하게 된다.

사진4 발 디딜 곳 확보

이렇게 솎아서 다시 심는 데 그리 시간이 걸리지 않는다. 나는 한 다랑이 200평 남짓 논을 하루 두어 시간 쉬엄쉬엄해서 끝냈다. 물론 논에 풀이 그리 없고 어느 정도 볍씨가 골고루 뿌려졌다는 걸 전제해서 말이다. 만일 이 정도 논 전체를 손으로 모내기했다고 치면 꼬박 하루가 걸릴 일이다. 하루 종일 하는 손모내기는 시간도 시간이지만, 허리가 많이 아프다.

그다음 김매기다. 흩뿌림 직파를 했기에 모가 어릴 때는 논에 들어서기가 어렵다. 솎아심기를 하면 발 디딜 공간을 얻게 된다. 그제야 김매기가 가능하다.

우리 논은 왕우렁이를 오래도록 넣어서 관리했기에 풀이 그리 많지 않다. 물 위로 올라오는 풀만 잡으면 된다. 나중에 바닥에서 올라오는 풀은 왕우렁이가 먹어치울 거니까. 이미 물 위로 올라온 곡정초나 마디꽃 같은 풀은 손가락을 갈퀴처럼 벌려 이리저리 슥슥 대충 긁어준다. 풀 기세가 벼보다 강하지 않으면 적당히 풀이 있는 것이 벼한테도 적절한 자극이 되리라.

사진5 솎아심기를 끝낸 논

기울어도 다시 일어서는 직파 벼

벼농사를 짓다 보면 몇 번의 고비를 겪는다. 벼 처지에서 말하자면 스트레스일 테다. 앞에서 구체적으로 다루었지만 벼가 자라는 순서대로 큰 흐름으로 다시 보자면 물바구미 피해, 잡초와 경쟁, 가뭄, 밀식이다. 그리고 남은 게 태풍과 병해충이다.

사실 강한 비바람을 몰고 오는 태풍에는 그 누구라도 피해를 본다. 직파든 이앙이든, 밭작물이든 과일나무든. 짐승도, 사람도 태풍은 두려운 자연 현상의 하나다.

여기서는 직파 벼가 어떻게 바람을 견디고 이겨내는가에 초점을 맞추어본다. 사실 바람은 벼 성장에 중요하다. 보통 피해만을 생각하는데 사실 긍정적인 부분이 훨씬 많다. 자연상태에서 바람과 함께 벼가 진화해온 걸 보면 알 수 있다.

벼는 벼과 식물로 제꽃가루받이를 한다. 벼는 논이라는 곳에 모여서 자란다. 벼가 자라는 넓은 들판을 떠올리면 헤아릴 수 없을 정도로. 벼가 탄소동화작용 할 때 이산화탄소를 이용하는데, 벼가 자랄수록 둘레에는 이산화탄소가 부족하기 쉽다. 이를 메워주는 게 바로 바람이다. 살랑살랑 바람은 벼한테 단비나 다름없다.

또한 바람은 벼 잎에 햇살을 골고루 받게 한다. 벼가 자랄수록 햇살이 더 많이 필요하지만 현실적으로는 벼 잎이 무성하게 자라기에 햇빛을 제대로 다 받지 못한다. 바람은 잎을 골고루 흔들어주어 고루 햇살을 받게 한다.

벼가 꽃을 피울 때 바람은 그 나름 또 하나의 역할을 한다. 벼는 제꽃가루받이를 하지만 0.5%는 딴꽃가루받이를 한다. 하여 종자가 급변하는 자연 환경에 적응하게끔 한다. 이때 꽃가루를 찾는 벌도 도움을 주지만 바람이 어느 정도 중매역할을 한다.

또한 바람은 뿌리를 단련시킨다. 모내기 벼는 땅속으로 약 3~4센티미터 남짓 깊이로 묻힌다. 흙이 어느 정도 줄기를 지탱한다.

여기 견주어 직파는 볍씨가 땅 표면 가까이서 싹이 트고 자란다. 그야말로 자연의 모습에 가깝다. 벼가 어릴 때는 흙이 잡아주는 힘이

사진1 옥수수 마디뿌리

거의 없다. 벼 스스로 뿌리를 잘 뻗어야 꽃을 피워 열매를 맺을 수가 있다. 그런데 벼는 바로 그 지혜를 가지고 있다. 농부들이 벼를 이앙을 하기 전부터, 아니 볍씨를 땅에 묻기 전부터 벼 스스로 싹이 트고 뿌리를 내리며 종을 이어왔지 않는가.

벼 뿌리는 관다발 구조다. 옥수수 밑동을 떠올리면 이해가 쉬울 테다. 옥수수가 자라, 꽃을 피울 무렵에는 밑동 두세 마디에서 마디마다 빙 둘려가며 뿌리를 내린다. 키는 크지만 줄기는 가늘다 보니 비바람에 거뜬히 견뎌내기 위한 곡식 나름의 지혜라 하겠다. 옥수수보다 더 키가 큰 수수 역시 마찬가지. 사진2에서 보면 붉은 빛 수수 씨앗이 있고, 그 아래로 뿌리를 내리지만 마디뿌리는 씨앗 위에서 하얗게 뻗어가는 모습을 볼 수 있다.

옥수수나 수수도 벼과다. 줄기는 단단하지만, 그 속은 비어 있다. 벼야말로 벼과 식물을 대표하지 않는가. 줄기가 가늘고 뿌리가 논물 속에 가려, 사람 눈으로 잘 보이지 않을 뿐. 옥수수와 같은 원리로 줄

사진2 수수 마디뿌리

기를 지탱하고 뿌리를 내리고 있다.

이를 더 깊이 알아보자. 1부에서도 잠깐 보았지만 벼 뿌리에는 씨뿌리(종근)가 있고, 마디 뿌리(관근)가 있다. 볍씨가 땅에 처음으로 뿌리를 뻗는 게 씨뿌리. 이는 자라면서 일곱 번째 잎이 나오면서 그 역할이 끝난다. 그다음부터는 마디마다 뿌리를 뻗고 여기에 따라 새롭게 가지를 뻗는다. 사진3에서 보듯이 하얗게 새 뿌리가 나오고 여기에 맞추어 새 가지를 뻗는다.

모내기 벼는 모판 상자에서 키우던 모를 떼어내, 모내기를 한다. 이때 먼저 내렸던 뿌리가 많이 상하기 때문에 벼가 본래 지닌 생존기술을 제대로 다 발휘해보지 못한다.

반면에 직파 벼는 씨를 뿌린 뒤 씨뿌리가 자리를 잡는 대로 첫 마디부터 마디뿌리를 내린다. 뿌리가 중요하다는 것을 벼 스스로 잘 안다. 자연 그대로 차곡차곡 위로 가면서 마디마디 뿌리를 내린다. 이렇게 자라는 동안 벼는 거센 바람을 몇 번이나 맞는지 모른다. 가지치기를 할 무렵부터 제법 센 바람이 불면 벼가 통째로 기울기도 한다. 왜가리 같은 큰 새가 지나가기만 해도 눕는다. 근데 이렇게 기운 벼는 2, 3일 정도 지나면 언제 그랬느냐는 듯이 다시 일어선다.

사진3 가지치기는 새로운 뿌리와 함께한다. 하얀 뿌리가 새 뿌리다.

이삭이 팰 때까지 벼는 이 과정을 여러 번 되풀이한다. 좌우로, 남북으로. 그러면서 뿌리 마디마다 쓰러짐에 적응을 해간다. 그리고 이 과정에서 벼는 어느 정도 스스로 땅속으로도 파고드는 것 같다. 가지치기를 한창 할 때 벼를 뽑아보면 벼가 제법 땅속으로 들어가 있음을 보게 된다. 사진4는 가지치기를 세 개 한 벼의 전체 모습이다. 뿌리 위를 보면 흰빛과 붉은 빛이 섞

사진4 직파 한 달인데 분얼이 셋인 벼의 뿌리와 가지

인 줄기 부분이 바로 흙에 묻힌 곳이다. 광합성을 하지 않아 줄기가 흰빛이다. 눈으로 대충 보아도 2센티미터 정도는 된다.

그럼에도 태풍에 대비하기 위해 사람이 해야 할 일 가운데 아주 큰 일이 물 떼기와 물 걸러대기다. 그 자세한 이야기는 '논물 관리: 물 떼기와 물 걸러대기'(150쪽)에서 종합적으로 다루겠다. 이렇게 물 관리만 잘하면 태풍은 그리 두려워할 그 무엇이 아니다. 오히려 직파는 하기에 따라 태풍에 강한 재배법이라 하겠다.

그럼에도 벼가 가끔은 쓰러질 때도 있다. 보통은 여러 가지 원인이 서로 겹쳐서 일어난다. 이를 자세히 뜯어보자. 첫째는 비바람의 강도. 태풍이 세게 불면 모내기 벼, 직파 벼 할 거 없이 다 피해를 입는다. 이삭이 패고 나서 오는 태풍이 무섭다. 벼는 낟알을 영글게 하

기 위해 갈수록 혼신의 힘을 다한다. 뿌리만이 아니라 잎과 줄기까지 다 힘을 보탠다. 그 결과, 시간이 지날수록 잎은 누렇게 말라가고 줄기는 힘이 없어진다. 뿌리 역시 보이지는 않지만 줄기를 지탱하는 힘을 대부분 잃어버린다. 이럴 때 강한 비바람이 불면 벼가 눕게 된다.

벼 품종에 따라서도 쓰러짐에는 차이가 난다. 키가 큰 벼, 가지치기를 많이 하는 벼, 이삭마다 낟알이 많이 열리는 품종의 벼가 잘 쓰러진다.

빼곡하게 심은 벼는 드물게 심은 것에 비해 잘 쓰러진다. 드물게 심을수록 벼는 부챗살 모양으로 잎이 퍼지고 그만큼 뿌리도 잘 뻗어 바람을 견딘다. 질소 성분의 거름을 지나치게 많이 하여 벼 잎이 무성하면 이 역시 잘 쓰러진다. 끝으로 병해충의 피해 정도에 따라서도 차이가 난다. 한번은 태풍이 휩쓸고 갈 때, 논두렁에 지키고 서서, 벼가 비바람을 어떻게 견디는지 본 적이 있다. 눈앞에서 벼 일부가 쓰러진다. 왜 전체가 다 쓰러지지 않고 일부만 쓰러지는가. 자세히 보니 쭉정이가 많은 벼들이었다. 벌레들이 낟알 즙을 빨아먹거나 이삭 줄기를 갉아먹어서 생긴 것이다. 그러니까 낟알이 충실한 것들은 비를 맞으면 그때그때 빗방울을 털어버린다. 빗방울을 털어버릴 만큼 줄기가 탄력이 있다.

그런데 쭉정이 벼는 쭉정이 속에 빗물을 잔뜩 머금게 된다. 이 벼는 그 아래 줄기와 뿌리도 다 부실한 상태다. 자신이 견딜 수 있는 이상의 무게를 지다 보니 쓰러진다. 그리고 이는 도미노 현상으로 가까이 있는 다른 벼를 다시 엎어지게 한다.

직파 벼는 쓰러지더라도 이앙 벼처럼 묶어세우지 않는다. 벼 잎과 이삭이 물에 닿지 않게 논물만 뺀다. 그 이유는 모내기 벼는 줄기가 쓰러지는 데 반해 직파 벼는 뿌리까지 함께 눕기 때문이다. 태풍이 지나고 나면 저 스스로 다시 일어선다. 태풍이 온다는 예보가 있으면 일찍이 논물을 빼둔다. 물꼬를 논바닥보다 낮추어 폭우가 쏟아지더라도 물이 논바닥에 고이지 않게 한다.

 직파 벼를 보면 이따금 작물이라기보다 풀에 가깝다는 느낌이 든다. 나 자신이 모내기 재배에서 직파 재배로 바꾼 지난 8년 동안 이런저런 태풍이 와, 나락이 영글 때 일부 눕기는 했지만 아직까지 피해다운 피해는 없었다. 우리나라보다 태풍이 더 잦은 필리핀에서도 오랫동안 직파로 벼를 재배해오고 있단다. 결론은 의외로 간단하다. 직파 벼는 태풍을 이겨내는 힘이 강하다. 이를 위해 물 떼기와 물 걸러대기가 필수라 하겠다.

두 번째 논두렁 풀베기,
벌과 독사 조심

직파를 한 뒤 대략 40일쯤에 논두렁 풀을 두 번째 베어준다. 이때는 장마가 오락가락하는 6월 말, 7월 초다. 비가 주춤할 때 논두렁 풀을 벤다. 방석 의자를 깔고 앉아 베면 일이 덜 힘들다.

이때 벼는 한창 가지치기를 한다. 벼가 잘 자라듯 풀 역시 그 기세가 왕성하다. 엉겅퀴는 어느새 꽃이 거의 다 지고 씨앗이 바람에 흩날린다. 개망초는 1미터가량 자라 하얀 꽃을 뿜낸다. 억새도 강하게 그 줄기를 올린다. 사위질빵은 호시탐탐 논으로 밀고 들어온다. 사람이 늘 다니는 논두렁길에는 질경이가 기세 좋게 보란 듯이 자란다.

논두렁 풀을 벨 때 경계라는 게 있다. 논두렁 경계란 논을 중심으로 빙 둘러 있다. 이를 다시 물을 가두는 수평을 기준으로 보면 아랫논과 윗논으로 나눌 수 있다.

먼저 자신이 일상으로 다니는 논두렁길에 자라는 풀을 벤다. 이때는 논과 수평으로 나는 풀을 벤다. 여기 풀이 자라면 아침 햇살이 그늘을 드리우게 된다. 그다음으로 작업을 해줘야 하는 곳은 내 논과 경계가 되는 윗논 논두렁이다. 여기는 경사면을 베어준다. 경사면 풀은 윗논과 크게 상관없이 아랫논에 그늘을 드리우니 아랫논 주인이 베야 한다.

첫 번째와 달리 두 번째 풀베기부터 조심해야 할 게 세 가지다. 하나는 낫에 베지 않게 조심하기, 두 번째는 벌, 세 번째는 뱀. 풀이 어리고 부드러운 이른 봄 때는 낫질이 어렵지 않다. 그런데 풀이 억세거나 질겨서 잘 베어지지 않을 때는 손을 베기 쉽다. 낫을 잘 갈고 풀을 벨 때는 풀과 낫의 움직임에 집중해야 한다.

오른손잡이로 낫질을 하다 보면 처음에는 오른손으로 낫을 잡고, 왼손으로는 풀 위를 잡고 낫으로 풀 아래를 당긴다. 이렇게 하면 낫으로 돌멩이를 칠 일은 거의 없다. 그런데 한참 하다 보면 힘도 들고, 속도도 느리다. 풀을 왼손으로 잡지 않고 오른손 낫으로만 풀을 치는 법도 있다. 이때는 낫으로 가속도를 이용해서 순간적으로 풀을 벤다. 이렇게 하면 풀을 넓게, 또 빨리 베어낼 수 있다.

문제는 돌멩이. 풀 속에 가려진 돌멩이를 치는 순간 낫은 이빨이 나가고 망가진다. 한 번 빠진 이빨은 숫돌에다가 웬만큼 갈아도 다시

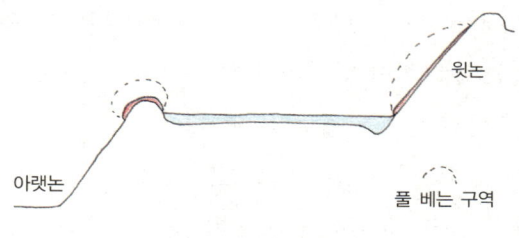

그림6 풀베는 구역

그 본래 날카로움을 회복하기 어렵다. 돌이 많다 싶은 곳에서는 낫을 옆으로 하기보다는 수직에 가깝게 세우다시피 해서 날보다 먼저 날등을 닿게 하듯이 풀을 치면 돌에 덜 망가진다.

두 번째 벌 조심. 논두렁에 풀이 무성하면 벌이 집을 짓는다. 보통은 작은 벌들이 오랫동안 사람이나 짐승 흔적이 없는 풀숲에 집을 짓는다. 찔레나 칡처럼 덩굴나무가 있는 곳에는 가끔 말벌이 집을 짓기도 하는데 이놈은 아주 위험하다. 아예 집을 못 짓게 평소에 논두렁을 관리해주어야 한다. 사람이 논에 자주 오는가 안 오는가를 벌들은 잘 안다. 자주 안 오니까 안전하다 여기고 집을 짓고 새끼를 친다. 금방 세력을 키운다. 특히 장마기간에는 사람이 논밭을 잘 다니지 못하고 풀은 기세 좋게 자란다. 그 사이 벌 역시 세력을 부쩍 키운다.

말벌 말고도 무서운 벌이 또 하나 있으니 바로 땅벌. 이 벌은 논두렁 땅속에다가 집을 켜켜이 짓고 산다. 시간이 지날수록 벌 세력이 강해진다. 하지만 사람이 논두렁 풀을 제때 베어주면 땅벌이 여기는 내 구역이 아니구나 하면서 집을 짓지 않는다.

그리고 예초기로 풀을 깎을 때는 여러 모로 위험하다. 예초기로 작업하다 보면 벌이 보내는 경고 신호를 알아채기가 어렵기 때문이다. 오직 빠르게 돌아가는 엔진 소리와 예초기 날에 흩어지는 풀이 보일 뿐. 기계는 장단점이 있어 속도는 빠르나 위험하고, 돈이 들며, 안 쓰더라도 꾸준히 관리를 해주어야 한다.

반면 낫으로 풀을 베면 일하는 속도는 늦지만 벌과 어느 정도 소통이 된다. 벌이 집을 지은 지 얼마 되지 않은 경우에는 풀을 베면서 나아가면 어느 순간 벌 한 마리가 사람 가까이로 와, 위협 비행을 한

사진1 풀숲에 벌집

다. 가까이에 저희 집이 있다는 메시지다. 사람 둘레를 빠르게 빙빙 돌며 물러날 것을 요구한다. 경고비행을 눈치 채고 벌집 가까이 풀을 베지 않고 건너뛰면 벌은 공격하지 않는다. 그러나 이때 사람이 자기만의 생각에 빠져 있다거나 이 경고를 무시하고 계속 풀을 베다 보면 벌에 쏘인다.

벌에 쏘이면 아프고 붓고 가렵다. 독이 몸에 퍼지는 과정이다. 쌍살벌 정도 크기 벌이라면 한 방 정도 쏘이는 건 벌침을 공짜로 맞았다고 여기면 그만이다. 조금 붓고 가렵다가 이틀 정도 지나면 서서히 사라진다. 벌독 알레르기가 심할 경우에는 쏘이는 즉시 곧바로 사혈침으로 쏘인 곳을 찌른 다음 부황기로 피를 뽑아내면 금방 괜찮아진다. 이외 민간요법으로 자신의 오줌을 바르거나 집 된장을 바르면 조금 낫다. 특히나 오줌은 쏘인 즉석에서 바를 수 있고, 오줌 자체에 여러 면역물질이 들어 있어 요로법에 익숙해지는 계기가 되기도 한다.

벌집을 뜯는 법은 벌 세력에 따라 다르다. 세력이 크지 않을 때는 뽕나무 잎이나 억새 같은 풀을 길게 베어 좌우로 흔들면서 벌을 쫓아낸 다음 집을 떼어내면 된다. 한 번 떨어진 집에는 다시 집을 짓지 않는다.

벌 세력이 강할 때는 어두움을 이용한다. 벌은 밤에는 활동을 하지 않는다. 어둠이 짙게 깔릴 때 벌집 위나 아래에 불을 놓는다. 신문지를 여러 장 돌돌 말거나 또는 말린 쑥에 불을 놓아 해결한다.

땅벌이나 말벌은 되도록 손을 대지 않는 게 좋다. 수십 마리 떼로 달려들면 사람 생명이 위험하다. 특히 말벌은 아주 위험하다. 덩치가 보통 벌보다 커 독도 아주 강하다. 게다가 계속해서 침을 쏠 수 있기 때문에 아주 조심해야 한다.

말벌에 쏘였을 때는 곧바로 병원으로 가는 게 좋다. 병원이 멀면 응급조치라도 해야 한다. 우리 식구의 응급조치는 사혈. 쏘인 곳을 곧바로 사혈 침으로 서너 번 찌른 다음 피를 뽑아낸다. 독을 조금이라도 뽑아낸 다음 곧바로 병원으로 간다.

끝으로 뱀 조심이다. 뱀 가운데서도 독사를 주의해야 한다. 특히 장마철에 조심해야 한다. 먼저 독사의 생리를 아는 게 중요하다. 독사는 정온동물, 비를 맞거나 날이 선선해지면 체온이 쉽게 떨어진다. 장마철에 반짝 해가 나면 몸을 데우기 위해 햇살이 잘 드는 곳으로 나온다.

한번은 장맛비가 주춤하기에 논두렁 풀을 베었다. 한참 풀을 치면서 나가는 데 방금 풀을 벤 그 곳에 독사가 똬리를 틀고 있는 게 아닌가. 낫이 조금만 더 아래쪽을 향했다면 독사는 두 동강이 났을 것이다. 이 독사는 그저 해바라기가 좋은지 내가 낫질을 하면서 지나가는데도 무덤덤했다.

　독사의 생리 가운데 또 하나는 스스로 강력한 독이 있다는 걸 알기에 여간해서는 제 발로 물러서지 않는다. 대가리 빳빳하게 쳐들고 둘레를 살핀다. 초가을 어느 날 저녁이었다. 마을 아이들이 나보고 "아저씨, 독사 있어요!"라고 이야기한다. 아이들을 따라가 보니 저녁해 질 무렵인데 독사가 포장도로에 나와 있다. 해가 지고 나면 공기는 차가워지지만 시멘트는 구들장처럼 낮에 데워진 터라 아직 따뜻하니까 이곳으로 나와 자기 몸을 데우고 있었던 거다.

　아이들이 서넛이 가도 움직이지 않고, 심지어 어른인 내가 가도 움직이지 않는다. 내가 막대기를 들자 그제야 그놈이 낌새를 채고 풀숲으로 도망을 갔다. 길에서 몸을 데우다가 승용차가 지나가더라도 비켜나지 않다가 차에 깔려 죽는 일이 잦을 만큼 독사는 제 독을 믿는다.

　그러니까 여름철 풀을 벨 때는 세상만물이 다 왕성하기에 이 기운을 잘 살펴야 한다. 풀도, 벌도, 독사도 다 기운이 넘칠 때. 사람 역시 풀을 벨 때는 잡념을 잊고, 풀베기에 집중해서 다치거나 쏘이거나 물리지 않도록 조심해야 한다.

논물 관리:
물 떼기와 물 걸러대기

 벼농사는 물과 뗄 수 없는 관계다. 벼는 물이 있는 데서 잘 자라지만, 늘 물이 있는 건 좋지 않다. 특히 장마 때는 자칫 논두렁이 터질 수도 있다. 물을 알아야 물 관리를 할 수 있다. 이 장에서는 물이 하는 역할에 대해 종합적으로 살펴본다.

 첫째가 양분 공급과 순환 작용, 둘째가 온도 조절, 셋째가 잡초 억제, 마지막으로 뿌리 관리다. 모두가 물과 관계가 있다. 때문에 물을 잘 관리해야 한다. 더불어 이 물을 가두고 빼야 하는 논두렁과 물꼬 역시 1부에서 보았듯이 관리를 잘해야 한다.

 벼는 해마다 같은 곳에다가 심어도 연작 장애가 없다. 그 이유는 여러 가지가 있지만 물이 지닌 양분 공급과 순환작용을 빼놓을 수 없다. 내가 아는 정농회 몇 회원은 무투입 벼농사를 짓는다. 즉 거름을 넣지 않고 논에서 나온 부산물을 되돌려주는 것 이외에 물 관리만으로 농사를 짓는데, 한 마지기에 쌀로 세 가마니를 거둔단다.

 논벼가 밭벼보다 수확량이 많은 것도 객관적인 증거가 된다. 얼추 두 배가량 차이가 난단다. 또한 논벼가 밭벼보다 밥맛도 더 부드러운데, 이 역시 물이 지닌 힘이라 하겠다. 물이 갖는 양분 공급과 순환작용은 거름과도 관계가 있는데, '자연재배로 나아가는 무투입 농법'(216쪽)에서 더 자세히 다루겠다. 다만 오염된 물이 들어오면 오히려 피해를 입을 수도 있다는 걸 마음에 두어야 한다.

물이 하는 두 번째 역할은 온도 조절. 벼는 따뜻한 기온을 좋아한다. 특히 우리나라는 벼가 어릴 때는 온도가 낮은 편인데, 이때 논에다가 물을 대면 이 물이 태양열을 흡수하여 온도가 올라간다. 다시 **벼 한살이 그림**(131쪽)를 참고하면 이해가 한결 쉽다. 눈누누기가 끝나고 나서는 가능하면 물을 얕게 대준다. 2센티미터 정도로. 깊게 되면 잡초 억제는 크게 도움이 되지만 벼가 웃자라게 된다. 또한 얕은 물이 깊은 물보다 온도가 더 잘 올라간다.

날이 추운 산간지대에서 물 온도와 기온의 차이가 클 때는 냉해를 조심해야 한다. 밤 기온이 물 온도보다 많이 낮을 때는 물을 조금 깊게 대는 게 좋다. 이때 물 역시 온도 조절 기능을 하는 셈이다.

그리고 늘 찬물이 들어오는 들머리 쪽은 아무래도 벼가 잘 자라지 못한다는 걸 마음에 두어야 한다. 한낮에 논물에 손을 담그면 들머리 쪽은 서늘한데 논 가운데 물은 데워져 사람 체온마냥 따뜻하다. 나중에 보면 들머리 쪽 벼는 잘 자라지 않아, 논 가운데 벼보다 열흘 정도는 늦게 익는다. 타작을 하면 들머리 벼는 완숙미보다 청미가 되곤 한다.

다만 한여름이 되면 물의 온도 조절 기능은 봄보다 한결 떨어지는 편이다. 둘레 온도 전체가 올라가는 데다가 벼가 왕성하게 자라, 논물에는 그늘을 드리우기 때문이다.

셋째가 잡초 억제. 이건 벼농사를 지어보면 눈으로 확실히 보게 된다. 물에서 잘 자라는 풀이라도 물을 깊게 대어주면 싹이 나, 물 위로 올라오는 과정은 쉽지가 않다. 대신에 물 위로 솟아난 다음에는 광합성을 마음껏 할 수 있기에 부쩍 자라게 된다. 또한 논에 물이 있으면 이런저런 생명들이 활발하게 먹이활동을 하기에 풀이 한결 덜 난다. 그러니까 잡초 억제라는 점만 생각한다면 물을 깊게 될수록 좋다. 특히나 왕우렁이를 넣어 풀을 잡아야 할 시기이면서 벼가 왕성하게 가지치기를 할 때 물은 필수라 하겠다.

그렇다 하더라도 너무 깊게 대기보다 얕게 대는 게 좋다. 왕우렁이가 활동하는 데 지장이 없을 정도인 2~3센티미터 정도로. 이렇게 얕게 대면 온실가스도 적게 나오고, 벼 수확량도 높아지며, 밥맛도 더 좋아진다는 연구 결과가 있다. 물론 저수지에서 논으로 들어가는 물도 절약된다.

마지막으로 뿌리 관리다. 무슨 농사든 뿌리가 중요하리라. 다만 밭작물과 달리 벼는 물과 뗄 수 없는 관계이기에 물을 관리해주어야 한다. 논에다가 늘 물을 담아두면 산소 부족으로 뿌리가 얕게 뻗고 약하게 된다. 넣을 때 넣고, 뺄 때 빼야 한다.

앞에서도 다루었지만 벼가 싹이 나, 땅에 처음으로 뿌리를 내릴 때는 꼭 물을 뺀다. 가지치기를 왕성하게 할 때는 물을 얕게 댄다. 역시나 2센티미터 정도. 물이 있으면 뿌리는 산소 부족을 느끼고 뿌리를 되도록 옆으로 뻗으며 왕성하게 가지치기를 한다.

그렇다고 가지치기를 계속할 수는 없다. 벼는 영양생장과 생식 생장이 뚜렷이 나뉜다. 영양생장은 몸집을 키우는 것이고, 생식생장은 자식을 남기기 위한 과정이다. 고추, 가지, 호박, 오이 같은 작물은 몸집도 키우면서 꽃도 같이 계속 피운다.

그러나 벼과 식물은 영양생장을 할 만큼 하면 이제 생식생장으로 넘어간다. 다만 직파는 모내기에 견주어 가지치기를 오래도록 하는 편이라 그 경계가 조금 들쑥날쑥하다. 그게 벼 처지에서는 자연스럽다. 그러니까 직파는 자연에 가깝기에, 벼 스스로 예상할 수 없는 환경에 대비하고자 하는 것이다.

그렇다고 마냥 벼한테 맡겨둘 수는 없다. 영양생장에서 생식생장으로 넘어갈 때 사람이 개입을 한다. 꽃을 제대로 피울 수 없는 가지치기를 헛가지치기라 하는데 벼 처지에서는 앞날에 대한 대비가 되지만 사람 처지에서는 헛심 쓰는 걸로 본다. 괜한 데 헛심을 쓰지 말고, 이미 꽃을 피운 가지들한테 그만큼 더 집중을 하여 낟알을 더 튼실하게 하자는 게 사람의 논리다.

이때부터는 중간 물 떼기를 한다. 일주일이나 열흘 정도. 벼는 물이 있으면 뿌리를 옆으로 뻗고 가지치기를 많이 한다. 물을 떼면 가지치기 대신 뿌리를 깊게 뻗는다. 그렇다고 마냥 물을 계속 떼면 논바닥은 실금이 가다가 나중에는 틈이 심하게 벌어진다. 이때 기존에 내렸던 뿌리가 적지 않게 끊어진다. 그럴수록 벼는 심하게 물 부족을 느끼고 혼신의 힘을 다해 뿌리를 깊게 뻗게 된다. 그러다가 갑자기 다시 물을 대게 되면 벼는 한마디로 '멘붕'이 온다. 깊이 뻗었던 뿌리가 많이 상한다.

그래서 논바닥이 갈라지기 전에 물을 다시 천천히 넣어주어야 한

사진1 금이 살짝 갈 정도로 물 걸러대기

다. 벼는 알배기(수잉기) 때 물이 가장 많이 필요하다. 그렇다고 물을 깊게 대어서는 안 된다. 얕게 대어주되 고르게 되면 된다.

　이삭이 팰 무렵부터는 물 걸러대기를 한다. 논에 물을 들였다가 떼었다가를 되풀이한다. 며칠에 한 번씩 해줘야 할까? 정답은 없다. 논 상태와 날씨에 따라 다르다. 가장 좋은 상태는 전체적으로 논바닥이 드러나지만 논 수로나 사람이 디뎌서 생긴 발자국에는 물이 있는 상태. 이를 어려운 말로 하면 포수(砲手) 상태다.

　물 떼기와 물 걸러대기가 비바람을 대비하는 데 얼마나 중요한가를 보여주는 보기가 있다. 한번은 논두렁에 떨어진 볍씨가 끝까지 살아남은 적이 있다. 이 벼는 줄기가 얼마나 튼튼하고 뿌리 내림이 좋은지 웬만한 태풍에도 크게 흔들림이 없었다. 심지어 사람이 발로 툭툭 차고 밟듯이 해도 꿋꿋한 탄력을 보여주는 것이다. 논두렁 벼는 사실상 벼가 자라는 동안 물에 한 번도 잠겨본 적이 없다. 뿌리 쪽은 젖어 있지만 담수 상태가 아닌 포수 상태였던 것이다.

논에 물 걸러대기는 천천히 해야 한다. 벼가 적응하는 시간이 필요하기 때문이다. 또한 앞에서 이야기했듯이 물을 대고 싶다고 사람 욕심처럼 바로 논 전체로 물이 퍼지지 않는다. 물을 떼는 것 역시 마찬가지. 논바닥이 심하게 들쑥날쑥하여 높은 곳에 실금이 갈 정도라면 다시 물을 얕게 대어준다. 이 시기에 비가 오락가락하면 자연이 알아서 물 관리를 해주는 셈이다.

사진2 논두렁 벼, 태풍에도 끄떡없을 듯

특히 장마 때는 되도록 논에 물이 고여 있지 않도록 한다. 물이 나가는 물꼬를 아예 틔워둔다. 그렇지 않았다가 자칫 폭우가 쏟아지면 벼가 깊이 잠기고 또 기존 물이 물꼬로 다 나가지 못하게 된다. 그럼 논두렁 가운데 가장 약한 부분으로 물이 넘치게 되고 뒤이어 논두렁이 터진다.

이게 논 하나로 끝나지 않는다. 아랫논은 윗논 물을 한꺼번에 다 받으니까 더 강하게 터진다. 다랑이논이라면 아래로 갈수록 피해가 커진다. 다시 강조하자면 장마철에는 두 가지 일을 같이해야 한다. 봇도랑에서 물꼬로 물이 들어가는 들머리는 아예 막아주고, 물이 나가야 하는 물꼬는 확 틔워둔다.

이삭이 패고 나면 벼는 아주 예민하다. 이때는 물 걸러대기를 하

사진3 장마에 터진 논두렁

되 한결 조심스레 해야 한다. 벼가 스트레스를 받지 않게. 논바닥에 실금이 가도 좋지 않다. 그렇다고 물을 깊이 대면 뿌리가 약하게 된다. 물을 1센티미터 남짓 얕게 댄다. 흙이 물을 늘 머금고 있구나 하는 정도.

나락은 벼꽃이 피었다가 진 뒤 40일쯤이면 다 영근다. 하지만 벼를 베는 건 이로부터 열흘쯤 뒤다. 논 전체로 보면 벼는 한꺼번에 꽃이 피고 한꺼번에 영그는 게 아니기에 그렇다. 물을 완전히 떼는 건 벼꽃이 피고 30일쯤 뒤다. 물을 뗀다고 바로 논이 마르는 게 아니다. 논은 아주 서서히 마른다. 게다가 중간에 비라도 오면 마르는 속도는 더욱 더디다. 나락 베는 날로 다시 기준을 잡는다면 벼 베기 20일 전쯤에 물을 완전히 뗀다. 너무 일찍 논바닥을 말리면 수량이 떨어지고 밥맛도 나빠진다.

논바닥을 잘 말려야 나락을 거두기가 좋다. 낫으로 베든, 콤바인으로 하든 논이 젖어 있으면 일 자체가 어렵다. 논이 잘 마르지 않는 땅이라면 최소한 벼 베기 20일 전쯤에는 뒤 배수로를 15센티미터 남짓 파주어야 한다. 앞에서 보았듯이 봄에 고랑을 해두었다면 물 떼기는 간단하다. 논으로 들어가는 수로를 막고, 논물이 빠져나가는 물꼬를 틔우기만 하면 되니까.

이렇게 벼농사는 물과 복잡하게 얽혀 있다.

직파 석 달째,
벼꽃 한창, 풀꽃도 한창

벼에도 꽃이 피나? 이를 잘 모르는 사람들이 의외로 많다. 열매가 있다는 건 곧 꽃이 핀다는 걸 전제로 하는데도 말이다.

사실 사람들 대부분은 밥을 먹는 데 익숙하지 벼꽃이 피고 꽃가루받이를 하여 쌀이 영그는 과정에 대해서는 잘 모른다. 그나마 벼꽃은 있는 듯 없는 듯 수수하다. 꽃받침도 없고, 꽃잎도 흔적만 남아 있을

사진1 직파 석 달째 벼꽃이 피기 시작

뿐. 꽃이 피면 그저 실 같은 수술 몇 개만 잠깐 보일 뿐이다.

농사꾼조차 벼꽃을 모르는 사람이 적지 않다. 벼꽃이 필 무렵에는 굳이 논에 가서 할 일이 거의 없다. 물이 잘 드나 또는 두더지 구멍이 생기지는 않았나를 잠깐 살펴보는 정도다. 농사를 50년 이상 지으신 우리 어머니한테도 벼꽃을 물으니 모른다고 하신다. 잘 익은 나락을 거두는 게 목표가 되며, 이때쯤에는 밭작물인 고추를 따거나 참깨를 베는 일들로 바쁘다 보니 벼한테 애정을 쏟을 겨를이 없었다.

그럼에도 벼농사에서 꽃은 큰 분수령이다. 필요한 쌀을 얻기 위해 꼭 거쳐야 하는 과정이 바로 꽃과 꽃가루받이가 아닌가. 암술이 꽃가루를 만나 사랑하는 과정을 거쳐야 우리가 먹는 쌀이 된다. 여기에다가 뜻을 보탠다면 우리가 먹는 밥은 벼가 사랑을 나눈 그 결과라는 말이다.

그럼 벼는 어떻게 사랑을 나누는지 구체적으로 보자. 5월 중순에 직파를 한 벼는 석 달쯤 뒤인 8월 중순이 되면 줄기마다 이삭이 나온다. 이를 이삭이 팬다고 한다. 이삭이 처음 팰 때는 젓가락 모양이다가 점차 작은 이삭들이 옆으로 퍼지면서 원뿔 모양으로 펼쳐진다. 이삭 하나에 낟알이 100~200개가 달린다. 이삭이 패고 나면 이어서 꽃이 하나둘 피기 시작한다.

벼꽃은 겉보기에 꽃 같지가 않다. 암술과 수술이 왕겨라고 하는 껍질 속에 있다가 꽃이 피기 시작하면 껍질을 벌린다. 수술이 꽃가루를 터트리고 암술은 껍질 속에 깊이 숨어 꽃가루를 받아들인다. 암술은 벼꽃이 가장 활짝 피었을 때 자세히 그 속을 들여다보아야 보인다. **벼 한살이 그림**(131쪽)을 보면 쉽다. 마치 아주 자그마한 솔처럼

사진2 벼꽃 하나가 먼저 피는 모습

생긴 암술머리 두 가닥이 양옆으로 팔을 벌리듯이 꽃가루를 기다린다. 벼는 대부분 제꽃가루받이를 한다. 딴꽃가루받이는 0.5%남짓, 벌이나 바람에 의해 이루어지며 그 영향은 아주 적다.

암술

사진3 암술이 아래 살짝 보임

하루로 보면 벼꽃은 아침 9시부터 피기 시작. 11시쯤에 절정을 이루며 낮 1시가 넘어가면 거의 피지 않는다. 꽃 한 송이가 피었다가 지는 시간은 한 시간 남짓이다. 벼꽃은 암술 하나와 수술 여섯 개로 이루어지며, 꽃밥 한 개 속에는 아주 작은 꽃가루 알맹이가 2,000개 정도 들어 있다. 그러니까 벼꽃 한 송이에는 만여 개의 꽃가루가 있어, 껍질이 벌어지면서 이 많은 꽃가루를 쏟아낸다. 수정이 끝나면 벼는 껍질을 닫고 수술은 바람 따라 사라진다.

　벼꽃이 피려고 할 때 비가 오면 곧바로 피지 않는다. 꽃가루는 비를 맞으면 기능이 크게 떨어진다. 비가 멈칫하는 사이 핀다. 비가 멈추지 않고 계속 오게 되면 벼는 폐화수정을 한다. 즉 껍질을 벌리지도 않은 상태에서 꽃가루를 터트려 수정을 한다. 벼는 그만큼 자손을 잇고자 하는 생명력이 강하다.

　이삭 하나에 벼꽃이 다 피는 데는 5일에서 7일쯤 걸린다. 논 한 다랑이에서 벼꽃이 다 피었다가 지는 데는 직파 벼와 모내기 벼가 조금 차이가 난다. 직파 벼가 조금 더 오래 핀다. 이앙 벼가 보름 정도라면 직파 벼는 20일 정도. 그러다 보니 직파 논에는 먼저 수정을 끝내고 고개를 숙이는 이삭뿐 아니라 이제 막 꽃을 피우는 이삭이 같이 보일 정도다. 가지치기를 오래도록 마음껏 해서 그런 차이가 날 것이다.

사진4 고개 숙인 벼와 이제 막 꽃이 피는 벼. 20일쯤 차이

이렇게 수정이 되고 나서 40일 정도 지나면 낟알이 다 영근다. 벼가 꽃이 피었다는 건 이렇게 조만간 쌀을 얻을 수 있다는 말이 된다. 꽃이 핀다는 건 그래서 소중하고 위대한 생명활동이다.

세 번째 풀베기

세 번째 풀베기는 8월 하순 무렵에 한다. 이때쯤 벼는 수정을 마치고 조금씩 고개를 숙인다. 이제 막바지 광합성을 한다.

그러자면 논에는 물도 적당해야 하지만 무엇보다 햇살을 잘 받아야 한다. 논두렁 풀은 그 이전에 두 번씩이나 베어주었지만 어느새 부쩍 다시 자라 그 기세가 등등하다. 벼꽃이 필 무렵 논과 논두렁에도 꽃피는 풀들이 제법 많다. 가을을 앞두고 다들 경쟁하며 나름 열심히 생명활동을 한다. 하지만 대부분 벼한테 그늘을 드리우니 베어야 한다.

사진5 조금씩 고개를 숙이는 벼

이 무렵 논두렁에서 눈에 가장 두드러진 풀부터 들자면 달맞이꽃이다. 사람 키만큼 자란 달맞이꽃이 노랗게 꽃을 피운다. 밤부터 이른 아침까지 활짝 피었다가 해가 나면 시든다. 이 풀은 기세가 좋아 논두렁 둘레 벼를 덮친다.

벼가 꽃이 필 무렵에는 역시나 벼과 풀들도 대부분 꽃을 피운다. 억새를 비롯하여 새, 수크령, 그령…….

억새는 키가 커 도드라진다. 사람 키만큼 크고 무엇보다 무리지어 다발로 자라니 그 세력이 엄청나다. 억새는 잎도, 줄기도 억세다. 맨손으로 잘못 만지만 날카로운 잎이 칼이 되어 손을 벤다. 억새꽃은 농사를 빼고 보면 더없이 아름답지만 억새 역시 벼와 경합을 한다. 억새 곁에서 은은한 자태를 뽐내는 풀이 '새'라는 풀이다. 새는 억새보다 잎도 줄기도 한결 부드럽다. 하지만 키가 커, 역시나 벼한테는 그늘을 드리운다.

수크령 꽃도 눈에 잘 띈다. 강아지풀꽃과 비슷하게 생겼지만 훨씬 크고 복스럽다. 커다란 짐승 꼬리처럼 생겼다. 여러해살이풀로 모여 자란다. 까락에 새벽이슬이라도 내려앉으면 아주 예쁘다. 야생화로도 인기가 있어 관상용으로 일부러 키우는 사람도 있다. 줄기를 베어도 금방 다시 자라며 이삭을 올릴 만큼 생명력도 강하다.

수크령보다 작은 그령도 꽃을 피운다. 그령은 이삭 줄기가 가늘어 보일 듯 말 듯하다. 꽃 역시 아주 자그마하다. 하지만 줄기는 워낙 질겨서 베다가 낫으로 손을 벨 위험이 높기 때문에 은근 긴장하며 베야 한다.

참고로 새, 억새, 그령, 수크령 같은 꽃은 꽃꽂이로 그만이다. 일을

사진6 달맞이꽃

사진7 억새꽃

사진8 수크령

사진9 그령. 아주 질기다.

사진10 집으로 가져온 논두렁 야생화

사진11 사위질빵

끝마치면서 종류별로 몇 송이 꺾어 화병에 꽂아두면 오래도록 꽃을 즐길 수 있다. 이런 꽃은 시들어도 필 때랑 큰 차이가 없기 때문이다.

덩굴성 풀도 질세라 열심히 꽃을 피운다. 사위질빵, 메꽃, 돌콩, 여우팥, 환삼덩굴, 칡……. 이들은 덩굴성이라 내버려두면 엄청난 기세로 둘레 식물들을 타고 자란다. 논으로 들어가 벼 줄기와 잎을 돌돌 만다.

논두렁과 달리 논에서도 이런저런 수생식물들이 꽃을 피우거나 꽃 피울 준비를 한다. 아무래도 피가 가장 도드라진다. 피는 휴면이 깊어 싹이 트는 게 아주 제각각이다. 벼보다 먼저 싹이 나는 놈도 있고, 한참 뒤에 싹이 나기도 하며 아예 당분간 더 잠을 자는 녀석도 있다. 벼꽃이 필 무렵 이미 수정을 끝내고 고개를 숙이는 녀석이 있으며, 벼와 같은 시기 꽃을 피우기도 하고, 아직 꽃을 안 피우는 녀석도 있다.

사진12 벼 사이에 슬그머니 영그는 피

여뀌바늘 역시 벼와 비슷한 시기에 꽃이 핀다. 점차 벼를 밀치고 높이 솟아나, 가능하면 논으로 들어가 뽑아주는 게 좋다. 올챙이고랭이도 어느새 벼 사이에서 고개를 내밀고 소박한 꽃을 피운다. 한련초도 벼 곁에서 자라며 작고 하얀 꽃을 피운다. 만약 이런 풀은 어쩌다 몇 포기 나는 것들이라면 마음 쓰지 않아도 된다. 벼 눈치를 보며 생명을 부지할 뿐이다.

이 외에 세력이 강하지 않아 소담한 꽃을 피우는 식물로는 쑥부쟁이, 무릇, 망초 들이 있다. 쑥부쟁이와 망초는 그늘을 드리워 베지만 무릇은 키가 크지 않아 그냥 두어도 좋다. 꽃이 워낙 단아하게 피어 저절로 눈길을 끈다. 곡정초는 벼 곁에서 작고 하얀 꽃을 피운다.

이렇게 여름 막바지가 되면 논두렁에는 벼와 함께 꽃을 피우고 가을을 맞이하려는 식물들의 생명으로 넘친다. 마지막 풀베기를 해주지 않으면 논두렁은 그야말로 풀숲이 된다.

풀숲이 아닌 벼숲은 한여름 무더위를 마음으로나마 잊게 해준다.

사진13 벼 사이 여뀌바늘

사진14 한련초꽃

논 지킴이: 거미, 청개구리, 사마귀, 잠자리

벼에 발생하는 병해충은 교과서대로 말하자면 여러 종류다. 벼를 빼곡히 심고 화학비료를 많이 주면 벼 잎이 푸르러 우선 보기에 좋을지 몰라도, 벼가 붉게 되는 도열병이나 벼 잎이 허옇게 되는 잎집무늬마름병이 올 수 있다.

직파도 볍씨가 몰려 빼곡하게 자라는 곳에는 잎도열병이 부분적으로 생긴다. 또한 드물기는 하지만 깜부기병에 걸린 낟알이 가끔 보인다. 그러나 땅 힘이 살고 벼를 튼튼히 키우면 병들 일은 거의 없다.

자연에 가까운 직파를 했더라도 벌레는 피해 갈 길이 없다. 특히 직파 벼는 어릴 때 물 바구미 피해가 크다. 벼는 어린데 물바구미가 그 어린 잎을 하얗게 갉아먹는다. 모내기 벼가 '모내기 몸살'을 앓는다면 직파 벼는 '물바구미 몸살'을 한다. 그러다가 날이 뜨거워지면서 벼 잎은 부쩍 자라고, 물 바구미는 주춤한다.

벼가 왕성하게 가지치기를 하는 동안에는 벌레 피해가 거의 없다. 그러다가 이삭이 팰 무렵에는 어디선가 벌레들이 하나둘 나타난다.

사진1 깜부기병 　　사진2 물바구미 피해

우리 논에서 흔하게 보는 해충으로는 노린재와 메뚜기. 노린재는 이삭에 달라붙어 낟알에 막 생겨나는 즙을 빨아먹는다. 이삭 패는 초기에 피해가 있지만 이삭이 논 곳곳에서 패기 시작하면 노린재는 크게 번지지는 않는다.

　메뚜기는 환경농업을 하면 자연스레 나타나는 곤충이다. 이놈은 벼 잎을 부지런히 갉아먹는다. 사람이 다가오면 벼 잎 뒤로 몸을 숨긴다. 요즘 벼농사에는 예전처럼 농약을 많이 치지 않아 메뚜기가 부쩍 많아졌다.

　이 외 벼잎굴파리는 벼 잎을 돌돌 말아 그 속에서 잎을 갉아먹는다. 벼 잎이 하얗게 되어 광합성을 제대로 하기 어렵다. 하지만 이런 벌레들은 그리 많지 않다. 그 외 교과서에 따르면 혹명나방, 이화명나방, 벼잎벌레……. 여러 종류들의 벌레가 벼 잎과 줄기를 갉아먹는다고 한다. 작은 피해는 있지만 약을 칠 만큼 심하지는 않다. 벼가 병해충과 싸우면서 스스로를 지켜내는 힘을 믿는 거다.

사진3 노린재 사진4 현행범 애메뚜기

　벼는 벼대로 병해충을 이겨내지만, 논에서 이루어지는 먹이사슬도 자연의 조화다. 논에 벼를 갉아먹는 벌레가 많이 나타나면 먹이사슬에 의해 이들을 잡아먹는 또 다른 녀석들이 나타나기 마련. 우선 눈에 잘 띄는 놈으로는 거미다. 벼 이삭이 팰 무렵이면 거미는 논 전체에 골고루 근거를 마련하고 벌레들을 노린다. 논에 거미가 많이 보인다는 것은 그만큼 논에서 잡아먹을 벌레가 많다는 소리기이도 하다.

사진5 이른 새벽 논에 거미줄

사진6 긴호랑거미　　　　사진7 수백 마리 새끼거미들

여러 종류의 거미가 보이지만 쉽게 눈에 띄는 거미로는 긴호랑거미. 호랑이처럼 얼룩덜룩 무늬를 하고서, 벼 잎과 이삭 여러 개를 원형으로 하여 거미줄을 치고 기다린다. 또한 작아서 눈에는 잘 안 띄지만 갈거미란 녀석 역시 논 곳곳에 거미줄을 치고 먹이를 노린다. 이따금 거미 알이 깨어나, 수백 마리 새끼거미들이 바람을 타고 흩어지는 모습은 장관이다.

긴호랑거미는 먹이가 그물에 걸려들면 일단 살핀다. 제법 큰 놈이 걸려들면 섣불리 포획을 하기보다 기다린다. 메뚜기는 걸려들면 그물을 벗어나려고 바동거리는데, 힘이 굉장하다. 그러다가 메뚜기가 지치면 그제야 조심스레 다가와 순식간에 꽁무니에서 거미줄을 내어 메뚜기를 돌돌 말고 이빨로 독을 넣어 죽인다. 그런 다음 서서히 메뚜기를 빨아먹기 시작한다. 작은 나방이 걸려들면 볼 것도 없이 바로 덮쳐 거미줄로 돌돌 말아 잡는다. 이렇게 다양한 거미 덕에 사람들이 밥을 먹는다고 해도 크게 틀리지 않을 거 같다.

거미 다음으로 눈에 띄는 곤충은 잠자리. 잠자리는 애벌레 때부터 논에서 많이 자란다. 잠자리 애벌레는 보기에 따라 조금 징그럽게 생졌지만 논에서는 생명활동을 왕성하게 한다. 그러다가 벼 이삭이 팰 무렵 날개돋이를 하여 하늘을 날게 된다. 실잠자리를 비롯하여 밀잠자리들이 벌레를 잡아먹는다.

사마귀도 이따금 벼 잎에 숨어 벌레들을 노린다. 무당벌레도 가끔 눈에 띈다. 개구리도 그 역할이 적지 않다. 봄과 초여름에 논에서 그렇게 울면서 알을 까둔 것들이 올챙이로 논에서 자라다가 개구리가 된 거다. 청개구리가 많고, 가끔 참개구리도 눈에 띈다. 청개구리는 작고 가벼워 벼 잎에 앉아 있다가 벌레들을 날름날름 잡아먹는다. 참개구리 역시 무논이나 논두렁에 있다가 메뚜기나 작은 나방이 가까이 앉으면 혀를 잽싸게 내밀어 잡아먹는다.

이렇게 논은 생명의 먹이사슬로 가득하다. 그 모두가 주인이다.

사진8 벼 잎에 청개구리

3부
가을
땅 한 번, 하늘 한 번

　가을은 한 해 가운데 가장 보람찬 때다. 가을걷이하여 나락을 곳간에 쌓을 수 있으니 말이다. 가장 수다스러울 수 있는 계절. 하지만 요즘 벼농사에 관해서는 가을에 할 말이 적다. 기계화가 잘되어 사람이 할 일이 별로 없어서일까.
　하지만 자급자족형 벼농사에서는 되도록 과정을 즐기면서 한다. 기계 힘을 빌릴 여건이면 빌리고, 아니면 시나브로 손수 한다. 풍요를 몸으로 느끼는 계절이 아닌가.
　가을걷이를 하자면 하늘을 먼저 살펴야 한다. 땅은 하늘을 받드는 그릇이다. 그릇을 잘 갖추면 그곳에는 온갖 생명이 그득하리라. 땅 한 번 보고, 하늘 한 번 보고. 땅한테 허리 숙이고, 하늘한테 절하고…….

짐승 피해와 논 말리기

가을이 깊어지고 벼가 점점 익어간다. 이제 벌레는 크게 힘을 못 쓴다. 대신에 짐승이 문제다. 농사는 사람이 지었지만 거두는 자는 여럿이다. 꿩은 아예 논에 살다시피 한다. 논두렁을 지나다 보면 화들짝 놀라 푸드득 날아가는 꿩이 한두 마리가 아니다. 비둘기도 곧잘 벼를 훑어먹는다.

사진1 점점 영글어가는 벼

들쥐도 나타나 나락 이삭을 끊어 먹는다. 들쥐는 낮에는 논두렁 깊은 곳에서 잠을 자다가 밤에 활동을 한다. 논두렁에 쥐구멍을 내고는 가까이 있는 벼 이삭을 하나씩 끊어, 쥐구멍 들머리에서 낟알 하나씩 껍질을 까서 먹는다. 겨울을 나기 위해 부지런히 쥐구멍 속에다가 저장도 한다.

어찌 보면 이런 정도 짐승 피해는 자연스러운 모습 가운데 하나다. 헌데 최근 들어 산간지대에서 두 짐승을 두고 큰 문제가 벌어지고 있다. 바로 멧돼지와 고라니다. 우리 사는 곳은 어쩌다 멧돼지가 나타나지만 조금 더 위에서 농사짓는 이웃들 이야기를 들어보면 멧돼지 때문에 거둘 게 거의 없을 정도란다.

고라니는 벼를 직접 먹지는 않는다. 다만 밤이면 논을 길 삼아 다니면서 벼를 짓밟아놓는다. 벼는 어릴 때 짓밟혀도 다시 일어선다. 하지만 이삭이 패고 나락이 여물어가면 한 번 짓밟힌 벼는 다시 일어서지 못한다. 익어가는 그 상태로 논에 처박혀 있다. 낟알이 물에 잠기면 싹이 나거나 삭아버린다.

통계에 따르면 최근 멧돼지와 고라니는 적정 마릿수보다 세 배 정도 늘었단다. 산골에서는 이제 들짐승이 생존의 문제로 다가온다. 멧돼지를 방지하고자 이것저것 해보았지만 별 효과가 없었다. 멧돼지는 냄새에 민감하니까 멧돼지가 싫어하는 것을 뿌려놓아 냄새로 퇴치하는 방법들. 이를테면 사람 똥과 머리카락, 나프탈렌들을 논밭 둘레에 뿌려보았지만 효과가 거의 없다.

멧돼지 때문에 고생을 많이 하여 전기철책을 쳤던 이웃 이야기에 따르면 이조차도 멧돼지 앞에서는 무용지물이란다. 멧돼지가 논 아

사진2 고라니가 짓밟은 벼

래서 올라오다가 전기철책에 슬쩍 닿으면 고압 전류의 기운을 느끼고 화들짝 놀라 도망을 간단다. 헌데 산 위에서 아래로 내려오던 멧돼지는 가속이 있어 그 힘으로 그냥 철책을 민단다. 그럼 그 순간 깜짝 놀라 도망가기는 하지만 그 충격으로 전기선이 아래로 처지게 되고, 전압은 대폭 줄게 된단다. 그다음부터 멧돼지는 전혀 충격을 받지 않고 논을 자유로이 드나들 수 있단다. 특히나 어린 새끼들이 논으로 들어오면 어미는 앞뒤 가릴 것도 없이 새끼를 보호하고자 철책을 넘어 논으로 치고 들어온다.

그러니 전기 철책을 쳤더라도 거의 날마다 전기선을 점검하여 다시 팽팽하게 당겨주어야 한다. 풀이 자라, 전기선에 닿으면 누전이 되어 효과가 떨어진다. 풀이 왕성하게 자랄 때는 자주 전기철책을 따라 한 바퀴 돌면서 풀을 베어 전기선에 풀이 닿지 않도록 관리해야 한다.

우리 논을 보자면 멧돼지는 어쩌다 한 번씩 나타나지만, 고라니는 부쩍 많이 나타난다. 이제 막 젖 뗀 고라니조차 심심찮게 보일 정도다. 심지어 요즘 고라니는 낮에 사람과 마주쳐도 금방 도망가지 않는다. 사람이 못 보았다 여기고 무성한 벼 가운데 슬쩍 몸을 낮추어 없는 체할 정도로 영악해졌다.

고라니는 멧돼지와 달리 전기울타리를 뛰어 넘는다. 보통 전기울타리 높이는 1미터 남짓. 고라니는 이 정도 높이를 가볍게 뛰어넘는다. 그나마 곡식이 어릴 때는 덜 들어오지만, 곡식이 무성한 가을 무렵에는 잘 들어온다. 몸을 숨길 수 있을 정도로 곡식이 무성하고, 먹을 것이 많기 때문이리라. 고라니가 아주 좋아하는 건 팥, 검은 콩, 고구마 잎들이다. 밭에 심어둔 이런 것들을 먹으려고 그 경계에 있는 논들을 지나간다.

멧돼지와 고라니 피해 정도를 한마디로 이야기하기는 어렵다. 논마다, 또 해마다 다르다. 가장 이상적인 건 지자체 지원을 받아 튼튼하고 높은 울타리 망을 치는 수밖에 없다.

사진3 전기철책

이런저런 짐승 피해를 보면서도 벼를 벨 날이 하루하루 다가온다. 벼를 베기 전에 반드시 해야 할 일이 있다. 논물을 완전히 떼고 논을 말리는 일이다. 미리 해두지 않으면 타작할 때 어려움이 많다. 콤바인이라는 기계는 당연히 논이 말라야 잘 돌아간다. 사람이 낫으로 벼를 베더라도 논바닥이 말라 있어야 일이 쉽다.

논 뒤쪽으로 고랑을 두었다면 논을 말리기가 쉽다. 물꼬로 들어오는 물은 막고, 논에서 나가는 물꼬를 틔워만 두면 자연스레 논이 잘 마른다. 윗논에서 스며나오는 물이 고랑으로 고여 물꼬 쪽으로 빠져나가기에 새롭게 비가 오지 않는 한 보름 정도면 타작할 정도로 논이 마른다.

미리 고랑을 두지 않았다면 조금 서둘러야 한다. 벼를 베기 최소 20일 전쯤에는 먼저 논으로 들어가는 물을 완전히 뗀다. 이삭이 패는 날을 기준으로 한다면 30일 정도쯤 지나서. 너무 이르게 논을 말리면 수량이 떨어지고 푸른 쌀이 많이 생긴다. 너무 늦으면 타작도 어렵지만 쌀알이 깨지기 쉽다. 물을 뗀 다음 논 뒤쪽으로 고랑을 잘 두고 논물이 물꼬를 따라 밖으로 빠져나가게 한다. 이때 고랑 자리에 자라던 벼는 어떻게 하나? 뿌리째 뽑아 한쪽으로 치워둔다.

볍씨 거두기와 갈무리

사실 몇 십 년 전까지만 해도 집집이 농부들이 직접 볍씨를 거두고 갈무리했다. 하지만 최근에 육종기술이 비약적으로 발전하고 또 경쟁력 위주로 변하면서 볍씨를 직접 거두는 농부가 드물어졌다. 요즘은 볍씨를 나라에서 대부분 보급한다.

직파하기에 좋은 볍씨는 키가 크지 않은 것이 좋고, 조생종이나 중생종이 좋다. 키가 크면 아무래도 잘 쓰러진다. 또한 직파는 생육 기간이 짧기에 만생종보다 중생종 이하가 좋다. 농촌진흥청에서도 직파 재배에 적당한 볍씨를 보급하므로 자기 지역에 맞는 볍씨를 구한다. 이 볍씨로 농사를 지은 다음, 그 결과를 보고 괜찮다 싶으면 자가채종을 한다. 벼는 종묘상에서 파는 고추나 배추처럼 바로 퇴화하는 게 아니고 몇 년은 이어지어도 괜찮다.

볍씨로 쓸 나락은 전체 벼 베기보다 열흘쯤 일찍 벤다. 논 전체로 보면 벼가 한꺼번에 고루 영글지 않는다. 벼꽃을 다룬 꼭지에서 보았듯이 먼저 벼꽃이 피는 녀석이 있는 반면 늦게 피는 녀석이 있기 마련이다. 씨앗으로 쓸 볍씨가 가장 충실하다 싶은 때 베야 한다.

벼 한살이 그림(131쪽)을 다시 보자. 5월 중순에 직파를 한 벼는 그 석 달 뒤에 벼꽃이 피고, 다시 그 50일 뒤인 10월 5일쯤 벼를 벤다. 사실 벼 낟알 하나를 기준으로 하면 벼꽃이 피고, 다 영그는 데 걸리는 시간은 조생종인 경우 40일 정도다. 전체 벼는 10월 초에 베지만 씻나락으로 쓸 벼는 이보다 이르게 9월 25일쯤 벤다.

척박한 곳인데도 잘 자란 것들을 골라서 벤다. 잘 자랐다는 건 가지치기를 잘하고, 낟알이 충실하며, 병들지 않아 빛깔도 좋은 것들로 고른다. 주로 논두렁 앞쪽에서 고른다. 바람과 햇살을 가장 잘 받은 곳이고, 일하기도 좋다.

씻나락을 벨 때는 낫으로 한다. 콤바인은 고속으로 회전하며 나락을 떨어내기에 그 충격으로 씨앗이 금이 가는 경우가 있다. 때문에

사진1 **씻나락 말리기**

씨앗으로 쓸 것들은 그만큼 조심해서 정성으로 다루어야 한다는 말이다.

우선 씨앗으로 쓸 양을 가늠한다. 예상 씨앗보다 넉넉히(소금물가리기에 대비해서 씨앗으로 10a당 12킬로그램 정도 나오게) 벤다. 볏단째 바람 잘 통하는 그늘에 거꾸로 매달아 말린다. 거꾸로 하는 이유는 줄기와 잎에 남은 영양분이 조금이라도 씨앗한테 가도록 하기 위해서다.

열흘 정도 잘 말린 다음 이를 턴다. 볍씨는 되도록 동력 기계 힘을 빌리지 않고 원시적인 도구인 홀태나 발탈곡기로 터는 게 좋다. 홀태는 뒤에 자세히 이야기하겠지만 빗처럼 생겨서 빗살 사이 벼 이삭을 집어넣고 당겨서 낟알을 훑는다. 발 탈곡기는 사람이 발로 밟아 회전하는 힘으로 낟알을 털어낸다.

볍씨 보관은 무엇보다 쥐가 타지 않게 해야 한다. 쥐는 어디에 나락이 있는지를 잘 알며, 사람의 빈틈을 잘도 파고드는 동물이다. 이빨이 좋고 튼튼해서 웬만한 곳이면 구멍을 내고 파고든다. 또한 볍씨는 바람이 잘 통하여 건조하고, 서늘하고, 어두운 곳에 보관을 한다.

이렇게 정성을 다 하더라도 길게 보면 벼는 퇴화하기 쉽다. 그 이유는 벼가 제꽃가루받이(자가수분)를 하기 때문. 제꽃가루받이만 계속 한다면 아무래도 유전적으로 점점 열등하게 마련이다. 이를 피하기 위해 벼는 벼 나름 0.5% 남짓 딴꽃가루받이를 한단다.

하지만 요즘 벼는 사람이 가꾸고 거둔다. 벼 자신이 스스로 자연 상태 그대로 순환하는 게 아니기에 딴꽃가루받이가 큰 뜻이 없다. 사람 처지에서는 어느 나락이 딴꽃가루받이를 했는지 알기가 어렵고, 설사 알더라도 이게 사람 처지에서 더 나은 품종이라는 보장이 없다.

사진2 오대벼 암술　　　사진3 오대벼 암술에 흑미수술 꽃가루

 오히려 벼는 기회가 되면 야생으로 다시 돌아가고자 한다. 이렇게 자연교잡으로 생긴 야생에 가까운 벼를 '앵미'라 한다. 네이버사전에는 앵미 정의를 '쌀에 섞여 있는, 빛깔이 붉고 질이 나쁜 쌀'이라 한다. 사람에게 길들여지기길 거부하고 스스로 이 땅에서 살아남고자 한다. 직파 벼에서는 앵미가 한 번 발생하면 휴면이 강해 쉽게 사라지지 않는다.
 여기 견주어 사람이 꽃가루받이에 능동적으로 직접 개입하는 것도 색다른 즐거움이다. 벼를 그리고 생명을 더 잘 알기 위해 공부 삼아 해볼 만하다. 쉽지 않은 과정이지만 느끼는 게 많다. 새 생명을 잉태하고 받는 산모의 기쁨이랄까.
 사람이 딴꽃가루받이를 시키자면 먼저 벼꽃을 잘 알아야 한다. 벼꽃은 피기 전 껍질 속에서 암술은 맨 아래, 수술은 위에 모여 있다. 꽃이 피기 직전에 가위로 위 1/3지점을 잘라, 암술만 남긴다. 그런 다음 다른 벼한테서 막 핀 수꽃을 가져와 암술머리에 꽃가루를 뿌린다. 그러고는 봉지를 씌워 보호한다. 수정이 된 낟알은 하루가 다르게 굵어진다. 일단 길이로 먼저 자라고 이어서 옆으로 통통하게 영근다. 자신을 보호할 껍질 일부가 손상 되었음에도 씨가 되고자 모든 힘을 다한다.

그런데 직접 해보면 이게 쉽지 않다. 암술이 워낙 작고, 꽃밥 속 꽃가루가 제대로 나오고 있는지를 잘 알기가 어렵다. 또한 한꺼번에 많은 양을 할 수가 없다. 첫 해 열 알 정도를 했다면 이를 그 이듬해 잘 살려 늘려가는 수밖에. 최소한 3년을 해야 어느 정도 수량을 낼 수가 있다.

문제는 새롭게 육종한 씨앗이 처음 뜻한 대로 되느냐이다. 직파하기에 좋고, 수량도 많이 나오고, 맛도 좋으며, 병에도 강한 품종으로 말이다. 하여 한 번의 실험에 드는 기간이 오래 걸리고 그 실험 결과가 만족스럽게 나온다는 보장이 없다. 때문에 돈의 논리가 아닌, 생명에 대한 관심과 사랑이라는 관점에서 해보는 것일 뿐. 씨앗을 보물처럼 다루자는 것이다. 살아 있는 보물!

사진4 수정된 낟알

참고로 볍씨 수명은 보관 상태에 따라 천차만별이다. 농가에서 보통 하는 보관 상태 정도로는 그 이듬해 거의 대부분 발아가 잘되지만 두 해만 지나면 발아율이 크게 떨어진다. 특히나 연구소같이 오랫동안 씨앗을 저장할 경우 수분 함량을 5%까지 낮추고, 영하 10도 아래에 둔다. 국제자원식물연구소(IPGRI)에 따르면 5% 정도 수분을 지닌 볍씨를 영하 20도에 보관을 하면 볍씨 예상 수명이 300년에 달한단다. 같은 조건이라면 밀은 78년, 보리는 70년.

씨앗이란 이래저래 참으로 위대한 생명이다. 볍씨를 보물처럼 다룰 때 밥을 먹는 우리 자신도 소중한 존재가 되리라.

콤바인에서 홀태까지,
거꾸로 가는 시간여행

　벼농사를 18년째 하면서 가을걷이를 여러 방식으로 해보았다. 첫 해는 콤바인으로 했다. 농사일이 서투르니 마을 어르신들 거둘 때 따라 하는 수밖에.

　콤바인은 참 편리한 기계다. 순식간에 타작을 마치게 해주니까. 콤바인이 논으로 들어오기 전에 사람이 할 일이란 갓 돌리기. 논에서 콤바인이 잘 움직일 수 있게 낫으로 벼 일부를 베어주어야 한다. 기계가 논으로 처음 들어서는 곳은 바로 벨 수가 없다. 기계가 논에 들어선 다음부터 벨 수 있기에 기계 크기만큼 미리 낫으로 베어준다.

　사각형 논이라면 네 귀퉁이를 이렇게 벤다. 그리고 논두렁 둘레를 빙 돌아가면서 한 뼘쯤 벼를 베어준다. 기계가 타작을 하는 동안 논두렁과 닿지 말라고 그렇게 한다. 이렇게 하는 일을 '갓 돌린다'고 한다. 이 말을 풀어보면 '논 가장자리를 돌아가며 벤다'가 된다.

　그러고 나면 콤바인이 순식간에 벼를 벤다. 논을 다 돌고 나면 마지막에는 갓 돌리고 남은 벼를 기계에다가 집어넣으면 끝난다. 콤바인에 나락이 가득 차면 트럭이 대기하고 있다가 콤바인 통에 담긴 나락을 받아서 주인이 원하고는 곳으로 실어준다.

콤바인은 나락을 거두기만 하는 게 아니다. 기계화 아주 잘되어 있어 한꺼번에 여러 가지 일을 해치운다. 성능이 좋은 콤바인으로 털면 이삭째 떨어지는 일도 적고, 검불은 다 날려준다. 낟알도 쭉정이에 가까운 것들은 센 바람으로 날린다. 또한 볏짚을 주인이 원하는 대로 해준다. 잘게 썰어서 논바닥에 깔 수도 있고, 볏짚 상태 그대로 바닥에 가지런히 깔아줄 수도 있고, 듬성듬성 한 다발씩 묶을 수 있게도 해준다.

우리는 갓 돌리고 남은 볏짚만은 잘게 썰지 않고 볏짚 그대로 거둔다. 이 볏짚으로 청국장도 띄우고, 메주와 무청을 엮어 달며, 김장독 보온에도 이용한다. 그 외에도 소소한 짚풀 공예로 쓸 양만큼 긴 볏짚 상태 그대로 남긴다. 나머지 볏짚은 잘게 썰어 논에다 되돌려준다.

사진1 **콤바인과 갓 돌리기**

콤바인이 이렇게 편하고 빠르기는 하지만 농사규모가 작을 때는 여러 고민을 하게 된다. 콤바인은 워낙 비싸고, 관리를 잘해야 하므로 아무나 가질 수 없다. 값이 '억' 소리 나는 기계다. 부품 하나라도 고장이 나면 수리비만 해도 만만하지 않다. 콤바인 주인은 기계 구입에 따른 수익을 마음에 두기 마련이다. 큰 기계일수록 규모의 경제를 추구한다.

논 한 다랑이가 경지 정리가 되어 반듯하고 또 넓을수록 기계는 효율성이 높다. 여기 견주어 산간지대는 효율성이 크게 떨어진다. 논을 들어가는 길부터 그렇다. 길이 가팔라 기계가 넘어질 위험이 높다. 어렵사리 논으로 들어가 보면 한 다랑이 크기가 작다. 게다가 논 자체도 경지 정리가 안 되어 구불구불하여 타작을 하는 데 시간이 많이 걸린다. 그 과정에서 자칫 기계라도 망가지면 배보다 배꼽이 클 밖에. 그러니 콤바인 주인은 작은 규모의 산골 논을 선뜻 오려고 하지 않는다. 다행히 우리 지방은 농업기술센터에서 지원해준다.

사실 논 주인 처지에서는 콤바인이 편하기는 하지만 벼농사 짓는 즐거움을 제대로 누리기는 어렵다. 기계로 하면 타작을 후딱 끝내야 할 일이 될 뿐. 자급자족 농사란 결과도 중요하지만 과정도 중요하지 않은가. 과정 하나하나를 되도록 즐길 수 있어야 한다.

그래서 다음 해는 동네 어른 덕에 알게 된 농기구로 했다. 발탈곡기를 경운기랑 연결하여 타작을 하는 방식이었다. 발탈곡기란 지역에 따라 와룡기 또는 호룡기라고 한다. 낟알을 훑는 장치는 원통으로 되어 있지만 이를 돌리는 건 발로 밟게 하는 농기구다. 발로 힘차게 발판을 밟으면 원통이 세게 돌고, 이때 볏 다발을 원통에다 갖다 대

사진2 타작 끝 짙은 가을안개

면 낟알이 떨어진다.

  마을 어른이 알려준 방식은 발로 밟기만 하는 탈곡기를 경운기와 연결을 한 것. 탈곡기 옆을 뜯어내고 보조기구인 원통형 뿌리를 용접으로 달았다. 이 원통형 뿌리에다가 경운기 벨트 세 가닥 가운데 한 가닥을 연결하여 발탈곡기를 돌리는 원리다. 이렇게 하자면 몇 가지 보조도구를 준비해야 하고, 함께할 사람이 더 필요하다. 보조도구란 발탈곡기에서 떨어지는 낟알들이 너무 멀리 가면 안 되니까 탈곡기 위에다가 활대를 세우고 그 위를 천으로 막아주는 도구를 말한다.

  사람이 여럿 필요하다는 건 이 일 역시 기계 도움을 받는 거니까 그렇다. 콤바인처럼 완전 기계화되었다면 사람 손이 거의 필요하지 않지만 어정쩡한 기계화는 사람 손이 많이 들어간다. 볏단을 날라주는 사람, 낟알을 터는 사람, 기계 앞에 쌓이는 나락을 거두는 사람,

사진3 홀태질로 낟알이 떨어지는 모습

기계 둘레에 쌓이는 볏짚을 옮기는 사람……. 조금 정신이 없을 정도인데 아내와 큰애까지 식구가 힘을 모아 이틀 만에 해냈다.

그렇게 몇 해 하다가 이번에는 홀태라는 걸 알았다. 홀태는 아주 원시적인 농사 도구다. 그네라고도 한다. 원래는 벼를 훑는다고 '훑이'가 표준말이지만 농사꾼들은 부르기 좋게 '홀태'라 한다. 홀태는 머리빗처럼 생겼다. 한 움큼의 벼를 쥔 다음, 끝의 이삭을 홀태 빗살 사이에 끼우고, 손으로 당겨서 낟알을 훑는 것이다. 동력화한 기계가 회전운동이라면 홀태는 전후운동이다. 농사를 전혀 모르는 사람들에게 농사 체험 교실을 하면서 잘 쓰고 있다.

홀태질을 위한 벼 베기와 홀태질

벼농사는 안 짓더라도 타작만은 하고 싶어 하는 사람은 의외로 많다. 중간에 모내기니 김매기니 하는 일들은 크게 티가 안 나지만 벼를 거두는 건 수확하는 뿌듯함을 바로 맛볼 수 있기 때문이리라. 농사보다 채집에 가까운 즐거움이랄까.

그런 맥락에서 홀태로 나락을 거두고 갈무리하는 이야기를 좀 더 해보자. 홀태질을 잘하자면 먼저 벼를 잘 베야 한다. 벼를 한 움큼씩 집어서 홀태에다가 넣고 당겨야 하니까 베어놓은 벼가 흩트려지면 일이 더디다.

낫으로 벼를 베는 요령을 보자. 먼저 1부(「섬세한 낫 갈기」 48쪽)에서 보았듯이 낫을 잘 갈아야 한다. 벼를 베는 동안은 아예 숫돌을 논에 두고 그때그때 갈아서 쓴다. 낫이 준비되면 맨 먼저 볏단 묶을 끈을 바닥에 깐다. 끈은 1미터 남짓 길이가 적당하다.

이제 벼를 벨 차례. 오른손잡이라면 왼손으로는 벼를 잡고, 오른손으로는 낫을 쥐고 베게 된다. 가능하면 벼 밑동을 바짝 벤다. 그래야 뒤에 이어지는 일이 쉽고, 남은 볏짚이 길어야 쓸모가 좋다.

이때 직파 벼는 낫질이 쉽지 않다. 모내기 벼처럼 간격이 가지런하지 않고 제멋대로 자랐기 때문이다. 처음에는 천천히 조금씩 하다가 점차 속도를 늘려가는 수밖에 없다. 벼를 한 움큼 벤 다음 끈 위에 쌓는다. 이때 한번은 오른쪽으로 약간 비스듬히, 다음엔 왼쪽으로 약간 비스듬히 X자로 엇갈리게 놓으면 좋다.

그래야 뒤이어 홀태질로 매끄럽게 연결이 된다. 즉 홀태질을 할 때 역시나 벼를 한 움큼씩 잡고 하니 볏단을 고스란히 쌓은 대로 잡으면 좋다. 그렇지 않고 벼를 그냥 무더기로 쌓아두면 나중에 홀태질 할 때 벼가 서로 엉겨 한 움큼 떼어내기가 어렵다.

사실 홀태질을 하려면 준비할 것도 많고 그 뒷일도 많다. 홀태 이

외에 갑바(포장), 의자, 갈퀴, 얼개미, 바가지, 콤바인 포대 여러 장. 왕겨포대 몇 장. 먼저 마른 논바닥에 검은 포장(갑바)을 깔고 그 위에서 홀태질을 한다. 검은 포장 아래 마른 볏짚을 깔아주면 더 좋다. 아래서 습기도 덜 올라와 홀태에서 떨어진 낟알이 잘 마르고 홀태질하기에도 좋다. 사진4는 멥쌀보다 먼저 익은 흑미를 홀태로 거두는 모습이다.

낫으로 벼를 베면 언제 다 하나 싶다. 베는 일도 만만하지 않고 홀태질도 일이 많다. 하지만 옛날에는 누구나 그렇게 했다. 마음먹기 나름이다. 숙련도에 따라 다르겠지만 벼를 낫으로 베기만 하면 보통 하루에 약 한 마지기가량 벨 수 있다. 시작이 반이라는 말이 맞다.

우리는 낫질과 홀태질을 교대로 한다. 낫으로 벼를 여러 다발 베다가 그 일이 지겨우면 이제껏 벤 벼를 가지고 바로 홀태질을 한다. 어떨 때는 한 다발 베자마자 바로 홀태질을 하고 또 베는 걸 반복한

사진4 흑미 먼저 홀태로 거두기

다. 이렇게 하면 일이 덜 지겹고 몸이 덜 고단하다. 하루 종일 벼를 베기만 하면 나중에 허리가 끊어질 듯 아프다. 또한 하루 종일 홀태질만 하는 것도 고단하기 마련. 그리고 또 하나 장점은 예측할 수 없는 날씨에 적응하는 방식이기도 하다. 날씨 상황이 좋지 않다면 한꺼번에 많은 일을 벌려놓기보다 베고 갈무리한 나락을 바로 옮겨올 수 있도록.

그리고 홀태질 자세도 옛날방식보다 우리 편한 방식으로 한다. 옛날 분들이 하는 홀태질을 보면 홀태 다리를 높게 하고, 사람은 서서 일하는 걸로 나온다. 당길 때 홀태가 힘을 많이 받으니까 한 발로는 홀태 아래 발판을 힘껏 밟아주게끔 되어 있다. 이렇게 하면 한결 속도가 빠르다. 하루 두 가마 정도 한다. 몇 해 전에 만난 할머니 한 분은 이 홀태로 하루에 한 마지기 벼를 털었단다. 그러고는 허리가 아파 밤새 끙끙대신단다.

하지만 우리는 의자에 앉아서 한다. 홀태를 받치는 다리 역시 의자 높이에 맞추어 낮게 만들었다. 이렇게 의자에 앉아 쉬엄쉬엄 하더라도 하루에 한 가마 정도를 어렵지 않게 거둘 수 있다.

우리 책 독자 한 분은 미국 뉴욕 주에서 논을 만들어 자급 논농사를 짓고 있는데, 나락을 거두기 위해 우리나라에서 홀태를 구해갔다. 미국은 그야말로 기계화가 잘된 나라. 원시적인 도구들을 구하기가 어렵다.『자급자족농 길라잡이』를 지은 일본의 나카시마 다다시 역시 우리 홀태와 비슷한 농기구를 만들어 벼를 훑는다. 작은 규모 농사용으로나 교육용으로는 홀태가 제격이다.

손으로 하는 타작은 우리 아이들도 곧잘 했다. 콤바인으로 타작할 때는 위험하니까 아이들은 멀리서 구경만 하게 된다. 낫으로 베고 홀태로 훑는 일은 아이들도 자기 힘만큼 할 수 있다. 아이들 역시 자신이 벤 것을 직접 훑어보고 싶어 한다. 조금 하다가 지겨우면 메뚜기를 잡는다. 배고프면 집으로 달려가 참을 챙겨 온다. 홀태가 주는 삶의 문화다.

홀태로 하더라도 두 사람이 한 조가 되어 하면 속도가 한결 높아진다. 즉 한 사람은 홀태질만 하고 또 한 사람은 곁에서 홀태질을 잘할 수 있게 벼를 추슬러 건네준다. 이렇게 하면 마치 공장 자동화 체계처럼 일할 수 있다. 각자 역할이 힘들면 일을 바꾸어 하면 된다.

논에서 혼자 홀태질 하는 광경은 말 그대로 그림이 된다. 따스한 가을 햇살이 등에 와 닿는다. 이따금 윗도리를 벗어 한두 시간 일광욕을 한다. 땀이 날 때 불어오는 바람은 얼마나 선선한지. 손으로는 이삭을 당기면서 고개 들어 산을 본다. 하루하루 다른 느낌으로 다가온다. 까치들은 더없이 높게 푸른 하늘을 무리지어 날고……. 나 자신이 자연 그 자체가 된 느낌이다.

의자에 앉아 홀태로 이삭을 당기고 집중해서 듣다 보면 소리가 난다. 벼이삭은 활이 되고 홀태 빗살은 현이 되어 공명이 생긴다. 그 소리는 사람 처지에 따라, 또 들을 때마다 다르다. 차랑~ 사랑~ 처량~. 홀태 아래 나락이 그득히 쌓이면 기분이 좋아 "차랑"으로 들린다. 이 쌀을 누구와 나누어 먹을까 하는 생각이 들 때는 "사랑", 태풍에 쓰러지거나 병들어 쭉정이가 많은 나락을 당길 때는 "처량"으로 들린다. 때로는 날씨가 고르지 못하여 일에 쫓기면 힘겨움에 숨소리 외에는 들리지 않는다.

홀태질은 나름 로망이 있지만 그 뒷일이 많다. 홀태질로 타작을 하면 낟알을 터는 일만이 아니다. 우선 검불도 많이 나와서 이것부터 처리해야 한다. 이 검불은 바람이 좋을 때 바람으로 날리면 검불도 날아가고 쭉정이도 함께 날아간다. 바람이 없다면 갈퀴로 한데 모았다가 말려서 바람이 일어날 때 날리면 된다. 이렇게 나락을 거두고 갈무리하다 보면 바람과 햇살이 얼마나 소중한지를 뼈저리게 느낀다.

홀태는 콤바인과 달리 낟알이 고르게 떨어지지 않는다. 이삭째 떨어지는 낟알이 적지 않다. 이 단순해 보이는 홀태질도 나름 숙련이 필요하다. 이삭째 떨어진 나락은 방아를 찧기 어렵다. 그래서 이를 가려내야 한다. 이때 등장하는 도구는 얼개미. 얼개미는 여러 종류가 있는데 나락을 고르는 용으로 쓰려면 구멍이 큰 게 좋다. 낟알은 빠져나오고 이삭은 빠져나오지 않을 정도 구멍. 얼개미에 모인 이삭은 한꺼번에 모아 왕겨포대에 담아 옮긴다. 나중에 말렸다가 도리깨질

사진5 얼개미

을 해서 다시 떨어도 되고, 이 일이 번거롭게 느껴지면 닭이나 토끼 모이로 이용한다.

참고로 가을걷이와 관련하여 무경운 이앙재배를 하는 일본의 아카메 농장의 수확 모습을 잠깐 보자. 이곳에서는 발탈곡기로 벼를 훑는다. 이 역시 뒷일이 많다. 나락을 고르는 얼개미를 조금 크게 만들고, 이를 쉽게 흔들 수 있게 장치를 만들었다. 아기를 눕혀서 흔들흔들 흔들어주는 흔들그네를 생각해보자. 2미터 길이 정도 되는 나무막대기 두 개와 이보다 조금 더 긴 막대기 하나를 삼각뿔이 되게 묶어세우고, 그 중심에다가 끈을 달고 얼개미를 연결했다. 이렇게만 해도 한 번에 제법 많은 양을 고를 수 있다.

또한 바람에만 맡길 수 없어 풍구(風具)를 이용한다. 이 도구는 나락에 섞인 쭉정이나 검부러기 등을 날리는 데 쓰는 기구다. 논에서 이용하자면 동력 풍구보다는 손으로 돌리는 수동 풍구가 제격이다. 손잡이를 돌리면 안에 든 날개가 돌아가면서 바람을 일으킨다. 풍구 위로 나락을 넣고 돌리면 쭉정이는 바람에 날려가고 충실한 낟알을 얻게 된다. 수동식 풍구는 그리 비싸지는 않다. 다만 이를 평소에 보관하자면 적당한 창고가 있어야 한다.

이제 잘 고른 나락을 포대에 담는다. 집 가까이로 날라서 말려야 한다. 타작을 다 마치면 필요한 만큼 볏짚을 따로 챙긴 다음 나머지 볏짚은 작두로 썰어 논에 깐다.

홀태를 구입하는 건 산간지대 마을 어른들한테 물어보면 어찌어찌 구할 수 있다. 아니면 고물상에서 구입을 해야 하는데 요즘은 홀태가 인테리어로 인기가 있다 보니 가격이 비싸다. 여러 사람이 구입하려고 하면 차라리 설계를 해서 직접 제작하는 것도 한 방법이다. 한 번만 만들어두면 아주 오래 쓸 수 있으니까. 도구가 작고, 조립식이어서 보관할 공간이 아주 좁아도 된다.

쇠로 된 홀태 이전에는 어찌 나락을 거두었을까? 옛날 자료를 더 듣어보니 젓가락같이 생긴 나뭇가지 두 개 사이에다가 이삭을 넣고 당겼다고 한다. 그 이름도 가락홀태다. 그러다가 나무판자로 된 홀태, 그다음이 쇠로 된 홀태였다. 이런 식으로 '시간여행'을 해보면 우리가 쓰는 쇠로 된 이 홀태마저 어느 순간에는 참 튼튼하고 속도도 빠른 도구로 등장했으리라는 걸 깨닫게 된다. 가락 홀태로 한 번에 이삭 하나씩 훑다가 이삭을 한꺼번에 열 개쯤은 가볍게 훑어낼 수 있으니 이 얼마나 편리한 도구인가. 어쩌면 쇠로 된 홀태가 나오면서 부의 축적이 광범위하게 가능해졌는지도 모른다. 인류는 그동안 엄청난 기계문명을 이뤘음에도 바쁘고 여유가 없다. 그래서일까? 몸으로 느끼는 시간 여행은 공간을 이동하는 여행에서는 맛볼 수 없는 신선함이 있다.

과학기술이 발달하면 편리하긴 하다. 하지만 그게 곧바로 삶의 질을 높여주지는 않는다. 우리는 형편껏 콤바인도 이용하고, 홀태도 이용한다. 날씨나 식구들 형편이나 콤바인 상황에 따라 그때그때 선택을 한다. 특히나 우리가 심는 흑미는 극조생이라 메벼보다 이르게 타작을 해야 하고, 농사 규모도 작으니까 홀태가 제격이라 하겠다.

나락 말리기

자, 한 해 농사를 잘해 나락을 거두었으면 이걸 잘 말려야 보관도 하고, 방아도 찧는다. 기계화 농사에서는 나락을 기계로 말리기도 한다. 하지만 자급용 논농사에서는 그런 시설을 이용할 수도 없거니와, 그럴 필요도 없다. 햇살과 바람에 말리면 왠지 그 기운이 쌀알에도 담길 거 같다. 대신에 날씨에 민감하게 된다.

타작을 한 나락은 햇살이 좋고 바람이 잘 통하는 평지에서 말린다. 바닥에 나락 말리는 검은 그물망을 쭉 깔고 그 위에 나락을 깐다. 너무 두텁지 않게 5센티미터 남짓 되도록. 얇을수록 잘 마른다.

아침 이슬이 다 마르면 나락을 펼쳐놓고 두어 시간마다 뒤집어준다. 바람과 햇살이 동시에 좋을 때면 한 시간 단위로 뒤집어준다. 위아래가 고루 마르고 혹시나 겹쳐진 나락이 떨어지도록. 이 뒤집어주는 일은 당그레로 하기도 하고 발로 하기도 한다. 얇게 펼쳐 말릴 때는 당그레가 좋다. 조금 두툼하게 말릴 때는 맨발이 좋다. 맨발로 나락 위를 왔다 갔다 하면서 골을 내듯이 뒤집는다. 길 위에 마을 할아

사진6 당그레로 나락 말리기

사진7 맨발로 오고가며 나락 말리기

버지들이 맨발로 정성스레 말리는 나락은 한 폭의 그림보다 더 아름답다. 삶으로 보여주는 설치미술이라고 할까.

해가 좋고 바람이 솔솔 불면 이틀 만에도 다 마르지만 흐리면 3~4일 걸린다. 늦가을로 갈수록 말리는 기간이 길어지게 된다. 비가 오시면 어떻게 하나? 어르신들은 나락을 가운데 모아놓고 비닐로 덮기도 하던데, 여우비라면 몰라도 규모가 크지 않으면 나락을 포대에 다 담아 창고 안에 넣어놓는 게 좋다. 어쩌다 소나기가 갑자기 쏟아지는 경우, 식구들 몸놀림이 번갯불에 콩 구워 먹을 정도로 빨라진다. 그러니 가능하면 날씨를 잘 보아가며 타작을 해야 한다.

어느 정도 말라야 다 마른 건가? 나락 전용 건조기도 있더라. 이론상으로는 벼를 벨 무렵 수분 함량이 20%인데 이를 16% 정도 되게 말려 방아를 찧는다. 그런 거 없이 감으로 알아보자. 나락을 뒤적을 때 치렁치렁 소리가 나고, 손에 꼭 쥐었다 놨을 때 습기가 느껴지

사진8 쌀 방아를 찧어 택배를 보내는 모습

지 않으면 된다. 덜 말리면 방아 찧을 때 뉘가 많이 나오고, 너무 많이 말리면 쌀알이 잘 깨진다.

다 마른 나락은 포대에 담아 곳간에 넣어두면 한 해 가운데 가장 부자가 된 기분이다. 이제 우리 먹을 나락을 빼고 나머지는 방아를 찧어 택배로 보낸다.

볏짚을 썰어넣는 작두질

이제 타작이 끝나면 그 뒷일이 좀 남는다. 집에서 쓸 볏짚을 챙기고 남는 건 잘게 썰어 논에다가 까는 일과 논 수평 맞추기다. 논 수평 맞추기는 1부('직파 뒤 물 빼기와 논 지도 그리기', 76쪽)에서 자세히 이야기했기에 생략한다.

볏짚이나 풀 따위를 써는 도구를 작두라 한다. 사진에서처럼 기다란 날이 있어 그 안에다가 볏짚이나 풀을 넣은 다음 손잡이를 아래로 내려서 자른다.

지금은 대부분 콤바인으로 타작을 하면서 볏짚을 썰어넣을 일이

사진1 작두질

사진2 로타리 칼날에 볏짚이 엉기지 않게

드물다. 훌태로 나락을 거둔 경우에는 낟알만 떨어지고 볏짚은 고스란히 그대로 남게 된다. 이 볏짚은 길이가 길기 때문에 로타리를 칠 때 로타리날에 감기곤 한다. 그래서 이를 작두로 드문드문 잘라주어야 한다. 콤바인이 자동으로 볏짚을 자를 때는 훨씬 자잘하다. 토막난 길이가 10센티미터 남짓. 손작두로 그렇게 잘게 자를 필요는 없다. 그저 로타리 칼날에 감기지 않을 정도만 자르면 된다. 긴 볏짚이라면 세 토막 정도.

또한 작두질은 볏짚만 하는 것이 아니다. 논두렁 둘레에 자라는 억새같이 키가 큰 풀을 작두로 썰어넣는 게 좋다. 그동안 논두렁에 베어둔 풀이 잘 말라 있기에 작두질로 듬성듬성 베어서 볏짚과 함께 깔아둔다.

전통 농업에서는 누구나 하던 일이었다. 옛날 그림을 보면 작두질을 두 사람이 함께하는 모습을 볼 수 있다. 손잡이를 손으로 누르기보다 발로 밟게 설계하였다. 서 있는 사람이 작두날을 들면 앉은 사람이 볏짚을 작두 속으로 밀어넣는다. 그럼 서 있는 사람이 발로 작두를 밟아 볏짚을 자른다. 다시 서 있는 사람이 작두 끈을 위로 당겨 날을 벌린다. 다시 볏짚을 작두 안으로 밀어넣고 발로 밟기를 반복한다. 이렇게 두 사람이 작두질을 하는 그림은

사진3 두세 토막을 낸다.

그만큼 옛날에는 작두질을 많이 하였음을 보여준다. 집집마다 소여물을 일상으로 먹였으니까. 이렇게 하면 일이 한결 쉽다. 한 사람이 하는 것보다 일이 서너 배 빠르다.

요즘 작두는 종류가 많다. 사람들 취향에 따라 다양하게 나온다. 대신에 발로 밟는 작두는 보기가 어렵다. 굳이 두 사람이 호흡을 맞추기보다 혼자서 자유롭게 하는 쪽으로 바뀐다고나 할까. 볏짚을 썰 경우는 날이 조금 긴 게 좋다. 작두질은 혼자 할 수도 있고, 둘이 할 수도 있다. 장단점이 있다.

혼자 할 경우 안전하다. 자기 호흡에 맞추어 할 수 있다. 단점은 속도가 더디다. 요령은 한 손으로는 날을 세우고, 또 한 손으로는 볏짚 한 묶음을 잡아 날 안으로 밀어넣은 다음, 남은 한 손으로 작두를 누르면서 자른다. 혼자 하니 다칠 위험은 거의 없다.

반면에 둘이 하면 속도가 빠르다. 혼자 하는 것에 견주면 서너 배

사진4 두 사람이 호흡을 맞추어 작두질

정도 빠르다. 백지장도 맞들면 낫다는 말 그대로다. 대신에 둘이 할 때는 호흡을 잘 맞추어야 한다. 한 사람이 날을 세우면 다른 한 사람이 그 안으로 볏짚을 밀어넣는다.

작두 손잡이를 누르기 전에 먼저 상대방 손이 안전한지 확인한다. 그다음 온몸 운동 하듯이 누른다. 어느 한순간이라도 둘 사이에 호흡이 안 맞으면 손목이 잘릴 수 있다. 특히나 이 일을 할 때 두 사람이 수다를 떠는 것조차 참는 게 좋다. 그냥 그 순간을 집중한다. 작두질 하다가 중간에 서로 마음이 안 맞으면 다른 일을 먼저 해야 한다.

대신에 호흡을 맞추어 작두질을 하면 그 나름 신명이 난다. 리듬을 탄다. 척 싹둑, 척 싹둑. 볏짚이 작두날에 잘려 나가는 소리도 참 경쾌하다. 호흡이 잘 맞으면 한 마지기 작두질하는 데 한 시간도 걸리지 않는다.

작두질은 장소를 옮겨가면서 하게 된다. 볏짚이 모인 곳으로 사람이 움직인다. 한곳에서만 계속하면 볏짚이 작두날 옆에 수북하게 쌓인다. 장소를 옮길 때 가끔은 서로 역할을 바꾸는 게 좋다. 작두질 하던 사람은 볏짚을 밀어넣는 일을 하고, 반대로 해보는 거다. 그럼 한결 일이 덜 지루하고, 상대방에 대한 이해와 배려를 자연스럽게 익히게 된다.

작두질은 가을걷이 끝난 뒤 바로 하는 게 가장 좋다. 작두질을 마치면 쌀겨 거름을 넣고 갈아엎는다. 이 일을 미루다가 봄에 하게 되면 거친 봄바람 때문에, 또는 질어버린 논바닥 때문에 힘이 많이 든다. 볏짚 역시 겨우내 햇살과 바람에 많이 삭아버린다.

작두를 관리하는 데도 요령이 필요하다. 우선 날을 조심스레 다루어야 한다. 특히 볏짚이나 풀같이 부드러운 걸 썰어야 한다. 나뭇가지나 특히 흙을 조심한다. 날이 섬세하여 망가질 수 있다. 만일 날이 조금 망가지면 페이퍼그라인더로 갈아준다. 아주 많이 망가지면 대장간에서 벼린다. 다 쓴 작두는 녹이 슬지 않게 기름칠을 하여 먼지가 안 타게 보관한다. 잘 관리하면 10년이고 20년이고 조상 대대로 쓸 수 있다.

논 지도에 따라 논 수평 맞추기

이제 봄에 그려둔 **논 지도**(78쪽)를 활용할 때다. 아무래도 수평 맞추기가 가장 먼저 할 일이다. 높은 곳의 흙을 퍼, 낮은 곳에다 메운다.

이 일은 굳이 경운기나 트랙터 같은 기계 힘을 빌리지 않고 바퀴 하나 달린 수레를 이용해도 된다. 그러니까 논 지도에 따라 높은 곳의 흙을 수레에 퍼 담은 다음, 깊은 곳으로 가서 메운다. 이 일이 꽤나 어렵게 느껴질 수 있지만 막상 해보면 그리 어렵지 않다. 일본의 애농회 한 농부는 기계 도움 없이 수레로 3000평 가까운 논을 해마다 수평을 잡아준단다. 해마다 조금씩 한다는 게 얼마나 큰 힘이 되는지를 잘 보여주는 보기라 하겠다.

그 구체적인 과정을 보자. 수레는 두 발보다 외발 수레가 좋다. 균형만 살짝 잡아주면 땅하고 접촉하는 면이 적어 쉽게 움직인다. 이 수레로 높은 곳의 흙을 삽으로 퍼 담을 때 고르게 해야 한다. 사진1에서 보듯이 한 군데서 흙을 가득 담는 게 아니라 자리를 옮겨가면서 한 삽씩 한 줄로 이어가며 담는다. 웬만큼 한 줄로 퍼 담았으면 이제 그 옆에 흙을 퍼 담아야 한다. 이때는 처음 팠던 곳으로부터 1미터 남짓 떨어진 곳에서 다시 한 줄로 이어가며 흙을 퍼 담는다.

수레에 흙을 담을 때 자신이 충분히 끌 수 있는 양만큼만 한다. 너무 많이 담으면 일이 고되다. 근육과 폐 그리고 심장을 강화하는 운동이라 여길 정도로 담은 다음, 깊은 곳으로 수레를 끌고 가서 수레를 뒤집어엎는다. 깊은 곳을 메울 때는 굳이 한 삽씩 가지런히 하지 않아도 된다. 이전에 부었던 위치에서 적당한 거리를 두고 드문드문 부어놓으면 로타리나 써레질하면서 자연스레 옆으로 흙이 퍼지게 된다.

다만 높낮이가 없이 고르게 채우려면 흙을 얼마나 옮겨야 할지를 정확하게 가늠하기가 어렵다. 너무 적어도 안 되고, 너무 많아도 안 된다. 내 경험을 보자면 깊은 곳을 채우는 양이 늘 적었다. 열 수레 정도면 충분하리라 예상했지만 막상 해보면 어림도 없다. 깊은 곳에 메울 흙이 더 많이 들어가야 했다. 예상보다 두 배 이상 흙이 더 필요하기도 했다. 여러 해를 두고 조금씩 보완하는 수밖에.

일하다 보면 논 지도를 그려둔 지점이 정확하지 않기에 애매할 때가 있다. 그럴 때 참고하면 좋을 게 둑새풀이다. 둑새풀은 한 해 또는 두해살이풀. 4월이나 5월에 꽃이 피고 씨앗이 익어 다시 논에 떨어

사진1·2 한 줄로 이어서 흙을 퍼 담아 깊은곳에서 수레를 엎는다.

진다. 이 씨앗은 휴면기를 거쳐 가을에 싹이 난다. 이때는 벼가 워낙 기세가 좋아 둑새풀은 싹만 난 상태로 때를 기다린다. 벼를 베고 나면 경쟁자가 사라져 광합성을 마음껏 하며 5센티미터 남짓 부쩍 자란다. 그 상태로 겨울을 나고는 봄이면 부쩍 다시 성장한다. 가을에 논 수평을 맞출 때는 이 둑새풀이 많이 자라는 곳이 다른 곳에 견주어 논바닥이 높다고 보면 된다. 물 걸러대기 과정에서 용케도 잘 살아남은 놈들이다. 둑새풀이 많이 난 곳을 따라 흙을 퍼 담아, 깊은 곳을 메운다.

그다음은 논 지도에 따라 돌을 캐내고, 흙으로 다시 메우는 일을 한다. 논에 있는 돌은 여러 모로 성가시다. 기계도 쉽게 망가지고, 사람이 논으로 들어가서 일할 때도 불편하고 위험하다. 벼도 잘 안 자란다.

논에 박힌 돌을 빼려면 우선 위치를 확인한다. 아무리 논 지도에 위치를 그려두었지만 대략적인 위치일 수밖에. 가을걷이 끝나고 논

사진3 둑새풀이 많이 난 곳이 바닥이 높다.

을 로타리 칠 때, 논 지도를 들고서 정확한 위치를 확인하면 쉽다. 돌 캐는 것 역시 트랙터가 땅을 뒤집어주었기에 삽으로 그 둘레를 파보면 꺼내기 쉽다. 다만 아주 큰 돌은 쇠로 된 지렛대를 이용하여 돌을 꺼낸다. 그리고 지렛대로도 감당이 안 되는 큰 돌이 있으면 기계 힘으로 뽑아야 한다. 큰 돌을 뽑고 나면 그 자리는 깊어지기에 높은 곳의 흙을 퍼, 메워주어야 한다.

  논에서 돌을 골라내는 일 역시 해마다 조금씩 꾸준히 하는 게 좋다. 이렇게 한 5년쯤 꾸준히 하면 논에 박힌 돌을 웬만큼 뽑아낼 수 있다. 사실 우리나라 다랑이논은 이렇게 누군가 해마다 돌을 골라내고, 논 수평을 맞춰온 역사의 결과물이다. 나 역시 수백, 수천 년에 달하는 논 역사에 그냥 묻어만 가지 않고 아주 작은 몸짓 하나 더한다. 그 과정에서 논두렁이 얼마나 소중한 자산인지를 되새김질하게 된다.

  그다음 일은 논두렁 보강이다. 논두렁 폭이 좁거나 너무 낮은 곳

사진4 인류의 수천년 논농사가 빚어낸 예술작품, 논두렁(베트남에서 촬영, ⓒ현채원)

을 보완해준다. 논 지도에 따라 높은 곳의 흙을 퍼, 논두렁이 약한 곳에다가 흙을 채운다. 이때쯤이면 하도 많이 보아 논 지도가 너덜너덜하다. 마치 보물지도를 보는 맛이다.

이렇게 일을 하다 보면 늦가을 햇살에 땀이 흐른다. 목이 마르고, 막걸리 한 잔이 당긴다. 허리를 펴고 둘레를 보면 가을이 깊이 물든다. 논두렁에는 하얀 억새가 그 자태를 뽐내고, 산에는 나무마다 단풍이 앞다투어 알록달록 빛을 뽐낸다. 하늘은 맑고 높다.

멀리 보이는 집 처마에는 곶감이 말라간다. 선선한 가을바람이 불면 땀을 앗아가며 정신이 돌아온다. 다시 일을 한다. 이렇게 기계를 쓰지 않고 간단한 도구로 일하다 보면 고요하여, 세상이 멈춘 듯하다.

가을 햇살은 짧다. 일을 좀 하는가 싶으면 금방 해가 진다. 그리고 저녁노을이 붉게 물드는가 싶은데 금방 어둠이 깃든다. 달이라도 휘영청 밝으면 많은 생각이 오고간다.

흙일을 할 때는 흙을 닮아야 한다. 흙한테 나를 닮으라고 할 수는

사진5 가을이 익어간다.

없지 않는가. 흙은 모든 걸 품어, 다 흙으로 만드는 재주가 있다. 우직하게 하되 무리하지 말아야 한다. 자칫 무리했다가는 생각보다 빨리 흙으로 돌아갈 수도 있을 테니까.

쌀겨 거름 뿌리기와 논 갈아엎기

우리는 벼농사 거름으로는 쌀겨를 쓴다. 쌀겨는 정미소에서 방아를 찧다가 나오는 부산물. 현미로 방아를 찧으면 쌀겨가 거의 나오지 않는다. 현미를 여러 번 깎으면 백미가 되며, 이 과정에서 쌀겨가 많이 나오게 된다. 하여 벼 거름으로 보자면 이 쌀겨는 그야말로 영양 덩어리로 벼한테 필요한 주요 성분이 거의 다 들어 있다. 이렇게 양분이 많다 보니 쌀겨를 뿌리면 땅속 미생물도 먹을 게 많아 활발하게 움직인다. 정농회에서 유기농을 선도했던 농부들은 대부분 쌀겨를 거름으로 썼을 정도다.

어려운 점은 구하기가 쉽지 않다는 점이다. 쌀 소비가 줄어드는 데다가 점차 현미를 먹는 사회 흐름도 한몫한다. 또한 쌀겨는 소 먹이로도 쓰고, 퇴비를 띄울 때 발효제로도 이용하며, 액비를 만들 때도 요긴하다 보니 구하기가 쉽지 않다. 그래서인지 해마다 쌀겨 값이 오른다. 지역에 따라 조금씩 다른데 우리 지역은 2015년 킬로그램당 350원. 400킬로그램을 넣을 경우 14만 원이다. 그래도 구하기가 쉽지 않다. 그래서 친환경 유박 거름을 쓰는 이들도 많다.

그나마 쌀겨를 쉽게 구할 수 있는 시기는 가을걷이 끝나, 방아를 대대적으로 찧을 때. 이때는 정미소마다 쌀겨가 많이 나온다. 그다음은 설 전. 이때 역시 쌀 소비가 많아 쌀겨 구하기가 상대적으로 쉽다.

뿌리는 양은 또 논 상태에 따라 다르다. 처음으로 유기농

사진1 한창 방아를 찧을 때 쌀겨가 많이 나온다.

농사를 시작하는 땅이라면 보통 평당 1킬로그램 정도 뿌린다. 꾸준히 유기물을 넣어준 논에는 해마다 투입하는 쌀겨 양을 줄여도 된다.

뿌리는 시기는 가을걷이 끝난 뒤 바로 뿌리며, 뿌린 뒤 곧바로 논을 갈아엎는 게 좋다. 이때를 놓쳤다면 이른 봄에 뿌려도 된다. 그 대신에 최소한 모내기 한 달 전쯤은 뿌리는 게 좋다. 너무 늦게 뿌리면 쌀겨가 제대로 흙으로 동화되지 않아, 벼한테 장애를 줄 수 있다.

그리고 하루 가운데 뿌리는 시간을 보자면 바람이 일어나기 전에 해야 한다. 보통 바람은 해가 뜨기 전에는 잠잠한 편이다. 그러다 해가 나면 온도 변화로 바람도 깨어나게 된다. 바람이 불면 쌀겨가 이리저리 날리게 되어 손실이 많다. 불가피하게 바람이 불 때 뿌려야한다면 바람을 등지고 뿌린다.

뿌리는 방법을 구체적으로 보자. 먼저 간단한 도구를 준비한다. 쌀

겨를 끌고 다닐 손수레가 필요하고 이를 뿌릴 삽이나 바가지 또는 삼태기가 필요하다. 삽을 쓰면 삽자루가 길어서 한 번에 넓은 지역을 뿌릴 수 있다. 쌀 겨 한 삽을 뜬 다음, 원심력을 이용해서 멀리 흩어 뿌린다. 그런 다음 골고루 가지 않은 곳은 삽으로 까닥까닥 흔들어주듯이 뿌려 가면 된다.

쌀겨 포대를 일일이 옮겨가면서 뿌리기보다는 쌀겨를 손수레에 담아서 뿌리면 일이 쉽다. 수레에는 바퀴가 달려 있어 옮기는 데 그리 힘이 들지 않다. 물론 경운기가 있으면 경운기에 쌀겨를 싣고 삽으로 넓은 지역을 훌훌 뿌리며 나아가면 된다.

여성들은 맞춤한 바가지로 뿌려도 된다. 또는 사진2에서 보듯이 플라스틱 삼태기라는 거름 뿌리기 전용 도구를 이용하면 빠르게 많은 양을 뿌릴 수 있다. 다만 골고루 뿌리는 데는 한계가 있다.

쌀겨를 뿌린 다음에는 곧바로 논을 갈아엎는다. 기계가 있다면 쟁기로 깊이갈이를 하기도 하지만 이게 여의치 않으면 되도록 깊게 로

사진2 쌀겨 뿌리기

사진3 가을갈이는 되도록 깊이

타리를 친다.

둘레 환경이 가능하다면 논에다 물을 대어준다. 그렇다고 논 전체에다가 물을 깊게 대는 건 위험하다. 논에 물이 자작자작한 정도. 겨울에는 물을 많이 대는 것도 쉬운 일이 아니지만 논을 꾸준히 관리하는 것도 사실상 어렵다. 이 물은 그저 논 생명들이 활동하기 좋게 하기 위해서다. 적당한 거름, 유기물 그리고 물을 머금은 논흙은 무수한 생명들의 보고가 된다.

이제 논은 그 이듬해 농사를 위해 긴 겨울잠으로 들어간 듯 보인다. 농부는 햅쌀밥을 먹으며 땀 흘린 한 해를 돌아보고 서서히 내년을 준비한다.

사진4 겨울 논에 물을 대면 생명활동이 활발해진다.

자연재배로 나아가는
무투입 농법

자연재배라는 말은 언제 들어도 설렌다. 하지만 그 내용으로 깊이 들어가게 되면 정확한 정의를 갖고 쓴다기보다 사람들마다 자기 형편껏 쓰는 편이다. 사실 자연과 재배라는 말은 서로 어울리지 않는다. 재배라는 말에는 이미 자연을 벗어나, 어떤 식으로든 사람이 개입하기 때문이다.

그럼에도 우리가 자연재배라는 말을 쉽게 쓰는 데는 자연에 더 가까이 다가가고자 하는 욕망 때문이라고 나는 믿는다. 그러니까 누구 방식이 올바른 자연재배인가를 굳이 따질 필요는 없겠다. 넓게 보자면 자연에 가까운 재배라면 다 자연재배가 된다. 중요한 것은 각자가 경험하는 부분을 깊이 생각하면서 이를 세상과 나누는 일이라고 하겠다.

자연에서 식물이 자라는 모습은 그야말로 자연 그대로다. 저절로 싹이 트고, 저절로 자라고, 저절로 열매 맺는다. 땅을 갈지도 않고, 심지도 않으며, 거름도 넣지 않고, 가꾸지도 않는다. 약도 치지 않는다.

무경운, 직파, 무투입, 무제초, 무농약이다. 하지만 이건 사람 처지에서 하는 말이다. 식물은 식물 나름 스스로 씨앗을 뿌리고, 스스로 땅을 파고들며, 낙엽과 빗물로 거름을 하고, 경쟁하는 풀을 이겨내며, 병해충과 싸우며 씨앗을 남긴다.

자연을 아는 만큼 자연재배의 영역도 깊어지리라. 내가 하는 흩뿌림 직파는 자연재배 가운데 심지 않는 영역이다. 김매기 역시 사람이 억지로 하기보다 왕우렁이 힘을 빌리는 거니까 자연재배의 한 영역이라 하겠다. 또한 벼를 강하게 키워 스스로 병해충을 이겨내게 한다. 무경운에 대해서는 나 자신이 아직 실험적인 단계라 4부(「얼마나 지어야 자급자족이 가능할까?」, 307쪽)에서 다루었다.

여기서 이야기하고 싶은 건 거름이다. 자연에서는 거름을 넣지 않고도 벼가 자란다. 원산지에서 자라는 야생 벼한테는 너무나 자연스러운 모습이다.

하지만 원산지를 멀리 떠난 곳에서는 감수해야 할 부분이 있다. 역시나 자연에 대한 이해와 화학비료와 농약으로 농사를 짓던 땅이라면 약간의 노력이 필요하다. 땅심을 본래 상태로 회복하기 위해 몇 해 동안은 그 논에서 나오는 부산물로만은 어렵다. 만일 쌀을 거두지 않고 해마다 그대로 땅한테 다시 돌려준다면 다르겠지만 말이다. 그래서 몇 해 동안은 외부에서 쌀겨를 구해서 꾸준히 넣어주면서 관리를 해야 한다.

그다음 단계는 외부 거름이나 유기물을 따로 넣지 않고, 온전히 자급하는 것이다. 논에서 나오는 볏짚, 방아 찧고 남은 왕겨, 쌀겨를 고스란히 논으로 돌려준다. 물론 논두렁에 자라는 풀을 베어서 넣는 것 역시 자급형 거름이 된다.

쌀 수확량은 조금 줄어도 크게 개의치 않는다. 그동안 논을 어떻게 관리해왔는가에 따라, 또 지역에 따라 수확량이 조금 다르기는 하다. 햇살이 좋고, 땅 살이 깊은 들판 논에서 무투입농법으로 오래 농사지은 분들 이야기를 빌리면 200평당 쌀로 네 가마니 나오던 논이 한 가마니 정도가 줄어, 세 가마니로 점차 안정이 되었단다. 햇살이 짧고 물 빠짐이 심한 산간지대는 두 가마니 남짓. 그러니까 나락을 치면 평당 1킬로그램 정도 된다.

나 역시 무투입 농사에 대한 경험을 조금씩 쌓아가고 있다. 쌀겨 투입을 해마다 줄이고 있다. 이렇게 무투입 농사로 나아가려면 논 생명들에 대해 잘 알아야 한다. 이 부분을 잘 정리한 책이 이와사와 노부오가 지은 『세상을 바꾸는 기적의 논』이다.

이와사와가 말하는 핵심은 두 가지다. 첫째는 겨울철에 논에 물을 채워두라는 것. 또 하나는 논을 갈지 말라는 것. 나로서는 첫째 부분에 크게 공감을 한다. 그동안 내가 부분적으로 경험했던 내용을 이와사와는 체계적으로 설명을 한다.

무논에서 자라는 벼는 밭작물과 달리 연작 장애가 없다. 그 주된 이유는 물이 순환작용을 잘해주기 때문이다. 또한 논에 물이 담기면 논 생물들의 활동이 부쩍 활발해진다. 이들 생명들이 먹고 먹히는 과정에서 거름이 된다. 몇 가지만 보자.

먼저 사진1을 보자. 한 해 묵은 논이다. 트랙터 바퀴자국 때문에 풀이 난 곳과 나지 않는 곳의 차이가 또렷하다. 바닥이 깊어 겨울에도 물이 든 곳은 이듬해 봄이 되었음에도 풀이 거의 나지 않았다. 바로

사진1 물에 잠긴 곳은 풀이 덜 난다.

곁에 논바닥이 높은 곳은 풀이 바글바글. 그러니까 물이 깊은 곳은 여러 생명들이 먹고 먹히는 활동을 한결 더 왕성하게 한다는 걸 잘 보여준다.

이 모습을 논으로 조금 확대해본다. 우리 논 세 다랑이 가운데 하나는 물 빠짐이 덜하여, 한 번 비가 오면 제법 오래 물이 담긴다. 봄에 개구리가 먼저 알을 낳는 곳이기도 하다. 한두 해도 아니고 몇 십 년 또는 몇 백 년을 이렇게 해오던 곳이다 보니 다른 논과 견주어 차이가 많이 난다. 풀도 덜 나고 땅도 거름지다.

이와사와가 거름을 넣지 않아도 되는 근거로 드는 생물이 실지렁이다. 풀약이나 화학비료를 준 논에는 실지렁이가 적다.

반면에 유기재배를 하면서 해마다 볏짚을 깔아주고 또 쌀겨를 뿌려준 논은 실지렁이가 크게 늘어난다. 논이 살아날수록 무수히 많은 생명들이 먹고 먹히는 먹이사슬을 이룬다. 벼를 직파하는 5월 중순

가을_땅 한 번, 하늘 한 번 219

정도면 우리 논바닥은 마치 달 분화구처럼 무수히 많은 실지렁이들이 고물고물 활동을 한다. 정말이지, 헤아릴 수 없이 많다. 작은 생물이 무수히 많다는 건 그만큼 거름도 많이 낸다는 걸 뜻한다. 아주 작은 생물들의 똥은 벼한테 거름 효과가 아주 좋다. 따로 발효 과정을 거칠 필요가 없을 정도로. 실지렁이가 많으면 풀도 한결 덜 난다.

실지렁이 말고도 논 생물은 훨씬 다양하다. 내가 볼 때 거름을 많이 내는 생물로 올챙이도 있다. 올챙이 역시 물하고 크게 관련이 있다. 우리 논은 겨울철에 물을 대고 싶어도 쉽지가 않다. 늦가을부터 이른 봄까지 여건이 허락하는 한 논에 물을 조금이라도 넣어주면 논 생태계가 달라진다. 특히 이른 봄 논에 물이 조금만 있어도 개구리가 알을 낳는다. 사진3에서 보이듯이 작은 물웅덩이마다 올챙이 알이 빼곡하다. 가만히 보고 있으면 현기증이 날 만큼. 여기서 깨어난 올챙이들이 논 여기저기 흩어져 생명활동을 한다고 생각을 해보라. 올챙

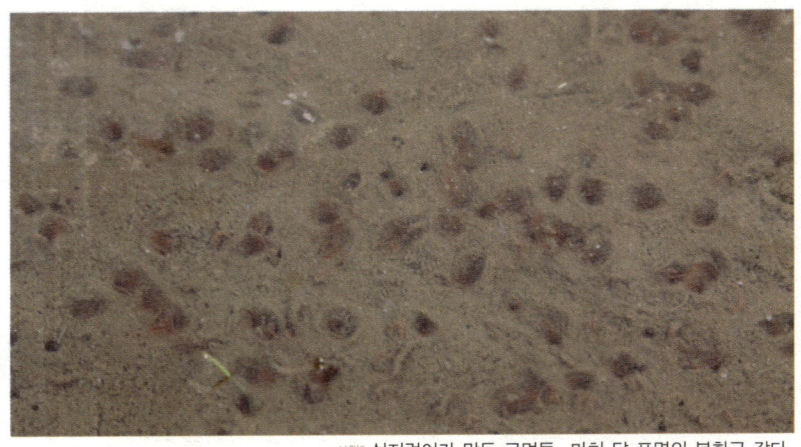

사진2 실지렁이가 만든 구멍들. 마치 달 표면의 분화구 같다.

사진3 올챙이 알과 소금쟁이 사진4 올챙이

이들 역시 적지 않게 거름을 낸다. 다만 봄 가뭄이 들어, 논이 말라버리면 어린 올챙이들이 말라 죽는다.

무논에는 잠자리 유충도 적지 않다. 여름철 무논에서 잠자리 애벌레가 날개돋이 하는 모습을 자주 보게 된다. 잠자리 종류도 다양하다. 실잠자리, 밀잠자리, 된장잠자리, 고추잠자리…….

이 밖에도 농약을 치지 않고 유기물이 적당한 논에는 훨씬 많은 종류의 생명들이 산다. 알을 등에 지고 다니는 물자라 수컷, 무섭게 생긴 물장군, 가볍게 물 위를 다니는 소금쟁이, 징그러운 거머리, 가재, 개구리, 뱀, 왜가리…….

여기다가 사람이 투입하는 왕우렁이 역시 거름을 내는 데 한몫을 한다. 왕우렁이는 워낙 식성이 좋고, 번식도 잘하며, 잡식성이라 그

사진5 잠자리 우화 모습

만큼 거름 생산도 잘한다. 이렇게 논에 사는 전체 생물을 살피다 보면 논에 나는 풀을 먹는 건 꼭 왕우렁이만이 아니라는 걸 알게 된다. 앞에 사진1(219쪽)에서 본 모습 역시 왕우렁이를 단 한 마리도 넣지 않은, 그저 묵은 논의 웅덩이일 뿐이지 않는가.

또한 위에 든 여러 생물들은 우리 눈에 잘 보이는 것들이다. 아주 작아 눈에 잘 안 보이거나 전혀 안 보이는 생물들이 훨씬 많으리라.

이렇게 논 생물이 다양할수록 이들이 만들어내는 거름도 풍부하고 다양하게 된다. 이를 받아들이는 벼 역시 그만큼 건강하게 자랄 것이다. 이와사와는 오히려 한 가지 고민이 새로 생겼다. 해가 갈수록 이러한 생물들이 벼한테 필요한 적정한 거름 양보다 더 많은 양을 만들어낸다고.

다만 겨울철 담수는 지역에 따라, 또는 논 상태에 따라 일반화하기는 쉽지 않다는 걸 마음에 두어야 한다. 1부에서 보았듯이 보메기와 봇도랑를 관리하는 일이 적지 않다. 늦가을부터 봇도랑에 그득하게 쌓인 낙엽들을 치우고, 많고 많은 두더지 구멍을 메워주어야 한다. 그리고 보에서 내 논까지 물을 대자면 여러 논들을 거쳐야 하는데 이 과정에서 논 주인들마다 이해관계가 다를 수도 있다는 것 또한 변수다. 농사철에는 누구나 물이 필요하지만 농한기에는 물을 넣지 않는 삶에 익숙하다 보니 분쟁이 생길 수도 있다. 설득하고 이해시키는 노력이 필요하다. 같은 농수로를 쓰는 사람들이 모두 겨울철에 논에다가 물을 댄다면 더할 나위 없는 조건이리라.

또 하나 마음에 새겨두어야 할 것이 있다. 겨울철에 담수를 하고 나면 틈틈이 논으로 가서 논두렁을 살펴야 한다는 점이다. 사실 봄부

사진6 **겨울에도 물을 댄 논**

터 가을까지 논에 살다시피 했다면 겨울만이라도 논에 가지 않고 쉬고 싶다. 이렇게 겨울에도 논에다가 물을 대게 되면 그야말로 쉴 수 있는 시간이 없다. 뭐든 그렇지만 다 좋은 것은 없다.

사실 자연재배의 역사가 길지만 이를 엄격히 정의하기는 어렵다. 그 사상적인 뿌리는 노자라 하겠다. 그 핵심은 한마디로 무위자연(無爲自然)이다. 그렇다고 그저 내버려두고 자연에 맡기는 게 아니다. 자연을 아는 만큼 무위(無爲)의 삶이 가능하다는 말이다. 그래서인지 자연재배라는 말은 언제 들어도 끌린다.

질의와 응답으로 살펴보는
벼 직파 농법

  이 장에서는 앞에서 봄부터 가을까지 쭉 이야기했던 직파 벼농사를 질의응답 형식으로 다시 한 번 돌아보고자 한다.
  우리나라 친환경 벼농사의 시발점이라고 할 수 있는 홍성. 두 해 전에 그 곳을 다녀왔다. 처음 강의요청을 받았을 때는 솔직히 부담스러웠다. 홍성이 어디인가. 들이 넓고 유기농업이 발달한 곳 아닌가. 우리 지역보다 한결 농사를 많이 짓고, 또 잘 짓는 곳이기도 하다. 들이 넓고 수리시설이 잘되어 있으니 수확량도 많을 것이다.
  이런저런 이유로 처음에는 어렵지 않겠냐고 했다. 그랬더니 최근 들어 자연재배에 관심들이 많고, 또 홍성이라고 다들 농사를 많이 짓는 게 아니란다. 특히 새롭게 귀농한 젊은이들 가운데는 논을 임대해서 소규모 그리고 꾸러미로 직거래를 하는 분도 적지 않단다.
  그렇다면 자연에 가까운 직파 벼농사 이야기를 하면서 이 시대를 같이 살아가는 분들의 고민도 들어볼 수 있는 기회다 싶어 하겠다고 했다. 무엇보다 이 책을 쓰는 데 홍성분들 이야기는 좋은 참고 자료가 되리라는 기대도 있었다.

　강의 준비를 많이 해야 했다. 실제로 땀 흘려 농사짓고 있고, 또 이를 소비자들에게 꾸준히 판매하고 있는 분들에게 도움이 될 이야기를 하자니 쉽지가 않다. 산골에서 자급자족적인 직파를 넘어, 넓은 지역 나아가 세계 직파 재배의 동향도 파악할 필요가 있었다.

　강의안을 짜면서 다시 이런저런 벼농사 관련 책을 보고, 농촌진흥청 홈페이지에 들어가 벼 직파 관련 자료들을 검색하면서 강의안을 짜갔다. 나눌 거리들이 조금씩 보였다.

　사실 직파를 제대로 다 설명하자면 책 한 권이 필요하다. 무엇보다 직접 실습을 해봐야 하리라. 하지만 내게 허락된 강의는 두 시간 남짓. 그래서인지 강의가 끝나고 무척 다양한 질문이 나왔다. 현장성을 살리고자 되도록 질문을 그대로 살렸다.

직파가 이앙에 견주어 수확량이 떨어진다는데, 순이익이 높다는 게 이해가 안 된다.

　예전부터 오래도록 농사를 지어오던 농민들은 인건비 개념을 생각하지 않는 거 같다. 당장 눈앞에 수확량이 예전 같지 않으면 만족을 느끼기 어렵다. 그런 점에서 벼 직파는 수확량이 이앙재배에 견주어 조금 적다.

　하지만 인건비나 기계 감가상각비들을 다 따지면 달라진다. 우선 벼 직파는 못자리나 모내기에 들이는 노력이 없다. 못자리에서 모를 키우는 기간이 얼추 40일가량이다. 이 기간 동안 정성을 들여 돌봐야 한다. 이앙에 따르는 비용도 적지 않다.

직파로 인해 총 생산량은 조금 줄더라도 다른 비용이 많이 줄기 때문에 순 이익이 높다는 거다.

이론상으로는 직파가 태풍에 강하다고 하는데 현실에서는 약하다고 하니 헷갈린다.

직파를 하자면 어느 정도 이론을 알아야 한다. 볍씨를 뿌려만 두면 되는 게 아니다. 벼 자체 생리를 알아야 하고, 또한 모내기 벼와 다른 점을 확실하게 알아야 한다. 직파에서는 물관리가 아주 중요하다. 눈그누기를 비롯해서 물 걸러대기를 잘해야 한다. 모내기 벼에서는 눈그누기 과정이 없다. 직파에서는 필수다.

직파는 자연에 가까운 재배이기에 벼에 대한 공부를 근본에서 다시 해야 한다. 벼농사 책들이 대부분 모내기 벼에 맞추어 있다. 직파 재배에서 태풍에 대비하는 요령은 뿌리 관리에 있다. 벼가 손바닥 길이 정도 자랐을 때를 보면 모내기 벼는 모를 깊게 심었기에 웬만한 바람에 끄떡없다. 하지만 직파 벼는 바람 영향을 많이 받는다. 조금 센 바람을 맞으면 벼가 옆으로 기운다. 그래서 눈그누기와 물 걸러대기를 통해 뿌리를 굳건히 해야 한다.

이 과정을 제대로 하지 않으면 직파 벼는 태풍에 약할 수밖에 없다. 대신에 벼에 대한 이론적인 연구가 깊어질수록 직파농법은 벼가 태풍에 잘 적응할 수 있게 하는 재배방식이 된다. 요즘은 직파 재배가 세계적인 추세라는 게 이를 반증한다고 본다.

제초제에 저항성이 큰 앵미 같은 경우는 어찌 하는가?

직파를 여러 해째 하고 있지만 그동안 우리는 앵미가 문제가 된 적이 없었다. 앵미는 벼 가운데 돌연변이나 자연교잡으로 생겨나 야생성이 강하다. 제초제에 저항성이 큰 이유는 앵미 역시 벼이기 때문이다.

하지만 왕우렁이한테 내성이 있는 잡초는 없는 것 같다. 볍씨에 앵미가 섞이면 왕우렁이가 어찌하지 못한다. 씨앗을 자가채종 할 때 앵미가 섞이지 않게 선별을 잘해야 한다.

보리와 이모작으로 무경운 벼 직파 농사를 생각한다. 하지만 물달개비가 문제인데 여기에 대한 대책은?

이모작이라고 해서 물달개비가 문제라고 생각하지 않는다. 나도 예전에 무경운 벼농사를 하면서 손으로 김매기를 한 적이 있는데 그때 물달개비가 무척 어려웠다. 하지만 왕우렁이를 이용하고 나서는 제초에 큰 어려움은 없다.

질문한 내용과 비슷한 보기로 경남 창녕에서 양파와 무경운 벼 직

사진1 물달개비

파로 이모작 농사를 짓는 분이 있다. 이종태라는 분으로 얼마 전『양파』라는 책을 냈는데, 이 책을 보면 풀 가운데서 둑새풀이 가장 문제라고 나온다. 그러나 무경운 재배를 계속하다 보면 점차 그 세력이 줄어든다고 한다.

내 생각으로는 무경운 이모작이 아주 매력적이지만 그 이전에 준비해야 할 것들이 많다. 충분히 멀칭을 해주어야 하고, 무엇보다 농사 규모가 무경운을 감당할 만큼 적정해야 한다. 우리 몸도 자연의 한 부분이다.

토종 벼라 그런지 못자리가 잘 안 된다. 아마도 모판상자 재배에 적응하기 전의 품종이라 그런가. 옛날에는 못자리에다가 씨앗을 직파한 다음 이를 뽑아 모내기를 했으니까. 그렇다면 직파를 한다면 좀 다를까?

나도 예전에 다마금이라는 까락이 긴 볍씨로 두 해 정도 농사를 지은 적이 있다. 그 경험으로 말하자면 다분히 그런 경향이 있다. 이 품종을 심을 때 상자 못자리를 하지 않고 논에서 바로 못자리를 했는데 모가 아주 잘 자란 경험이 있다.

오늘날 재배 벼들은 다양한 육종과정을 거치면서 야생성을 많이 잃어버렸다. 여기에 견주어 토종 벼들은 오랜 세월 상자보다는 논 못자리에 익숙하다.

우리는 자급형 벼농사를 지으면서 상자 모보다 못자리 모를 더 많이 해왔다. 이럴 경우 기계 모내기가 어렵지만 못자리 모가 확실히 잘 자라는 것은 사실이다. 그리고 지난해는 토종 찰벼를 구해서 직파를 했는데 잘되었다. 모판 상자 재배와 기계 이앙을 꺼린다면 직파에 대한 관심과 연구는 꼭 필요하다고 본다.

직파 전 과정을 보면 이앙기만 안 쓸 뿐 다른 농기계, 즉 트랙터나 콤바인을 쓰는 거 아닌가. 기계를 벗어나는 데서 크게 달라지는 게 없어 보이는데.

 사실이다. 다만 직파를 통해 벼를 이해하는 과정을 겪으면서 다른 가능성을 새롭게 본다. 무경운이나 소박한 삶에 더 가까이 접근하는 작은 실마리라고 할까. 점점 기계에 매이는가 아니면 갈수록 기계에서 자유로워지는가 하는 방향성의 문제라고 본다.

 실제로 트랙터를 쓰지 않고 무경운으로 하는 분도 있고, 심지어 적은 규모를 보리와 이모작으로 하지만 콤바인이 아닌 홀태로 거두는 사례도 있다. 따라서 기계는 선택이 될 수 있다고 본다. 또한 한 번 정했다고 해마다 똑같이 반복하는 선택이 아니라 자신의 신념이나 처한 환경에 따라 열린 선택의 하나라고 말씀 드리고 싶다. 우리 역시 그때그때 다양한 선택을 해왔는데 어떤 해는 한 다랑이를 동력기계를 전혀 쓰지 않기도 했다. 무경운 손모내기를 하고, 손으로 김을 매고, 홀태로 나락을 거둔 경험이 있다. 다시 강조하자면 삶의 가치를 어디에 두느냐에 따른 선택이다.

모내기 벼와 달리 직파는 벼가 가지런하게 자라지 않을 텐데 그렇다면 콤바인이 작동하는 데는 지장이 없는가?

 전혀 지장이 없다고 하기는 어렵지만, 그 영향은 아주 적다. 이미 세계 곳곳에서 대부분 직파를 하고 콤바인으로 거두고 있지 않는가. 콤바인은 워낙 능력이 출중한 기계다.

다만 벼가 너무 작거나 쓰러진 상태에서는 잘 안 된다. 이건 모내기 벼도 마찬가지다. 정작 직파 벼를 낫으로 벨 때가 어렵다. 모내기 벼는 가지런해서 낫질하기가 수월한데, 직파 벼는 들쑥날쑥이라 손으로 잡고 벼를 베자면 모내기 벼보다 조금 더 시간이 걸린다. 낫으로 벼를 베다 보면 '내가 직파를 했구나'를 실감한다.

우리는 길가에 있는 논을 빌려 농사를 짓는다. 그런데 어쭙잖게 유기농, 그것도 토종 벼로 하는데 못자리도 부족하고, 벼도 다른 논에 견주어 잘 자라지 않는 편이다. 오고가는 사람들 손가락질과 훈수가 마음 쓰인다. 직파를 하면 이게 더 심할 거 같은데?

처음에는 마음이 많이 쓰이는 게 사실이다. 잘 자랄까 하는 의구심도 들고, 무엇보다 다른 논의 벼는 한 뼘 이상 자라 왕성하게 논을 덮어가는데 직파 논은 이제 막 씨를 뿌려 싹이 트는 단계라 멀리서 봐도 초라해 보이는 게 사실이다.

또 하나는 풀, 특히 피가 문제가 된다. 앞서 이야기한 대로 왕우렁이로 몇 해 이앙재배를 하여 풀 기세를 단단히 꺾어두어야 한다. 직파를 한답시고 피 농사를 지을 수는 없지 않는가.

때문에 길게 보고 준비를 한 다음 확신이 들 때 직파를 권한다.

남 시선 이전에 자신에 대한 확신이 먼저라고 생각한다.

사진2 **비행기재에서 본 들판**

4부

겨울

자신을 들여다보는 거울

　겨울은 생각이 많은 계절. 자신을 들여다보는 거울이기도 하다. 농사 18년을 돌아보면 나 자신이 해마다 집중했던 주제가 달랐던 것 같다. 몇 가지 갈래만 보자.
　첫해는 겨울잠을 많이 잔 것 같다. 안 하던 농사일을 하느라고 무리하게 몸을 쓰고, 마음으로는 긴장을 많이 했다. 봄부터 가을까지 쌓인 피로를 겨울에 다 푸는 듯 자고 또 잤다. 돌아보면 몸과 마음을 농사에다가 맞추기 위한 자기 '정화의 시간'이 아니었나 싶다.
　처음 몇 해는 시골 빈 집을 빌려 살다가 우리 집을 짓게 되었다. 농사지어 곳간에 쌀 있겠다, 내 집 있으니 삶의 안정감이 높아졌다. 무한경쟁의 제도권 교육 대신 자연주의 교육을 하기로 한 아이들이 학교를 그만두면서 자급자족의 범위가 부쩍 넓어졌다. 부부가 함께 글을 쓰며 책을 몇 권 내게 되었다. 손수 자급하는 힘에 눈을 뜨면서 우리는 되도록 건강도 스스로 챙겼고, 문화나 예술도 우리가 할 수 있는 길을 찾고자 했다. 완전하다고는 할 수 없지만 여러 가능성을 알게 되고, 어느 정도 자족적인 삶을 꾸리게 되었다.
　모든 것은 서로 연결되어 있다. 볍씨 한 알에도 우주가 들어 있다고 하지 않는가. 벼농사 하나에도 먹을거리, 건강, 자녀교육, 문화, 예술들이 서로 영향을 주고받는 걸 몸으로 체험하고 있다. 이 4부는 바로 그런 고민의 과정이자 결과라 하겠다.

날마다 새로운 밥을 짓자먼?

　우리가 농사짓는 1차 목적은 그야말로 먹기 위해서다. 이왕 먹을 거라면 잘 먹고 맛나게 먹어야 하리라. 잘 먹는 일이란 생각보다 그 범위가 넓다. 흔히 '그 나물에 그 밥'이라 한다. 새로울 게 없어 식상하다는 말이겠다.

　처음 몇 해 동안 오리농법으로 벼농사를 지은 적이 있다. 논두렁에다가 나일론 망을 치고 벼를 심은 다음 어린 오리를 풀어놓는다. 그런데 이 오리들이 논에서 먹이활동을 하는 모습을 보면 '그 나물에 그 밥'을 참으로 싫어하는 걸 알게 된다. 아무리 논 한쪽에 맛난 게 많아도 오리들은 절대 그곳에만 머물지 않는다. 끊임없이 논을 왔다 갔다 한다. 조금이라도 더 새로운 게 없나를 찾는 듯이. 참으로 부지런히 돌아다닌다. 나중에는 망의 허술한 곳을 찾아내어 울타리 밖으로 한사코 빠져나가려 한다.

　어디 오리만 그런가. 닭, 토끼, 염소 다 그렇다. 그게 생명의 이치다. 같은 값이면 제철이면서 더 싱싱한 거, 더 맛난 거, 더 양양이 많은 것들을 찾는다. 특별한 게 없는, 자연스러운 모습이다.

하지만 사람은 의외로 무디다. 아니, 삶이 복잡해지고 바빠지면서 먹을거리를 비롯하여 근본이 되는 것들을 차분하게 돌아볼 여유가 없다.

돈 주고 사 먹는 쌀보다 손수 농사지은 쌀이 더 맛나다. 남이 지은 밥보다 손수 지은 밥이 더 맛나다. 아마도 짓는 과정에서 자신의 정성과 에너지가 들어가서 그렇지 싶다. 그렇지만 날마다 새로운 밥상을 차린다는 건 결코 쉬운 일이 아니다.

몇 해 전인가. 우리 아이들과 상의해서 아내한테 1년 동안 '밥상안식년'을 준 적이 있다. 그러니까 그동안 고생한 아내한테 한 해 동안 밥상 휴가를 주자는 거였다. 그렇게 해서 나 자신이 손수 밥상을 차려 보니 주부들이 새삼 위대하다는 걸 깨닫는다. '그 나물에 그 밥'이라도 제대로 차려지면 그게 어디인가!

이리저리 잔머리를 굴리게 된다. 밥 자체부터 고민이다. 밥이 우리 주식이지만 늘 같은 밥이라면 때로는 지겨울 밖에. 이 문제를 해결하고자 내 머릿속에는 개념을 먼저 정리한다. '날마다 새로운 밥!'. 말 그대로 365일 다른 밥.

그러자 잡곡밥이 먼저 떠오른다. 잡곡밥은 얼마나 변화가 많나. 흰밥보다 잡곡밥이 맛도 좋고, 영양도 풍부하다. 당장 빛깔부터 눈을 사로잡는다. 수수가 들어가면 붉게, 검은콩이 들어가면 검게 바뀐다. 이런 잡곡밥을 찬찬히 느껴보면 씹는 맛도 다르고, 잡곡마다 미세하나마 향도 다르다.

그렇다면 도대체 몇 가지 잡곡이 있어야 날마다 다른 밥을 지을 수 있을까. 불현듯 고등학교 수학시간에 배웠던 '경우의 수'가 떠오른다. 재미 삼아 학창시절로 되돌아가보자.

이를테면 조, 수수, 기장 이 세 가지 잡곡이 있다고 치자. 이를 가지고 새로운 잡곡밥을 지을 수 있는 경우의 수는 몇 가지인가? 이 정도 문제는 간단하다. 우선 잡곡을 하나씩 넣은 밥을 짓는다. 조밥, 수수밥, 기장밥. 이렇게 세 가지가 먼저 나온다. 그다음 잡곡을 두 가지씩 섞는다. 이렇게 하면 역시 세 가지다. 마지막은 세 가지 잡곡을 다 넣어서 지을 수 있는 밥으로 한 가지다. 그렇다면 잡곡 세 가지로 서로 다른 잡곡밥을 지을 수 있는 가짓수는 일곱.

그런데 이렇게 경우의 수를 일일이 세는 것도 어느 정도까지다. 잡곡이 다섯 가지 정도까지는 그런대로 헤아릴 만하다. 이게 여섯을 넘어가면 골치 아프다.

여기서부터는 수학교사인 이웃한테 도움을 받았다. 잡곡 여섯 가지로 지을 수 있는 모든 잡곡밥의 가짓수는 63가지. 그러니까 잡곡이 여섯 가지면 두 달 정도는 날마다 다른 잡곡밥을 지을 수 있다는 말이다. 잡곡이 일곱일 경우는 127가지. 잡곡이 하나 많아질 때마다 경우의 수가 크게 늘어난다. 그렇다면 아홉일 경우는? 511가지이다. 와, 드디어 내가 얻고자 하는 답이 나왔다.

그렇다. 잡곡이 아홉 가지면 365일, 아니 그 이상을 날마다 새로운 잡곡밥을 지을 수 있다. 내친 김에 열 가지 잡곡까지 해보았다. 그랬더니 자그마치 천 가지를 넘는다. 이 정도면 굳이 수학 힘을 빌리지 않고도 일상에서 웬만해서는 겹치지 않는 밥을 지을 수 있다는 말이 된다.

그렇다면 열 가지 잡곡으로 뭐가 좋을까. 우선 대충 꼽아보면 조, 수수, 기장, 검은콩, 동부, 강낭콩, 땅콩. 이렇게 하면 일곱 가지다. 그 외에 뭐가 있나? 말린 옥수수도 불려서 넣으면 맛난 잡곡밥이 된다. 검은쌀이나 찹쌀도 잡곡으로 넣을 수 있다. 이 정도면 10가지다. 이 외에 팥이 좋고, 해독제로 쓰이는 녹두도 가끔 넣으면 좋다. 사진1에서 보듯이 사실 콩과 종류만 해도 많다. 그리고 은행 알과 쪄서 말린 밤은 껍데기를 까기가 번거로워서 그렇지 가끔 넣으면 이 역시 별미다. 또한 여름에는 밀과 보리가 제철이니 이들 역시 여름 잡곡밥으로 딱 좋다.

밀은 하룻밤 불린 뒤 체에 밭쳐 콩나물 기르듯 하루 서너 번 물을 주면 싹이 난다. 이 밀싹을 밥에 잡곡으로 조금씩 놔 먹으면 밀싹 밥이 된다. 다만 이렇게 하려면 밀농사를 짓는 농가에서 씨가 되는 밀

사진1 여러 가지 콩

사진2 뷔페식 밀보리밥

을 구해야 한다. 이 밖에도 콩나물을 넣고 콩나물밥, 무가 제철일 때는 무밥, 굴이 좋을 때는 굴밥, 봄이면 산나물밥……. 이렇게 계절의 변화에 따른 맛의 변화까지를 생각한다면 새로운 밥의 가짓수는 어마어마하리라.

김장철에 무청 밥

겨울 초입이자 김장철이면 무청이 제철이다. 새로운 밥 가운데 하나로 무청 밥을 해보았다. 조금 낯설어 걱정을 했지만 막상 해놓으니 다들 잘 먹었다.

재료
네 식구가 먹을 만큼의 쌀, 무청 한 줌, 양념장(달래 한 줌, 붉은 고추 반 개, 고춧가루 반 술, 다진 마늘 반 술, 간장ㅅ 세 술, 참기름 한 술 해서 잘 섞는다.)

겨울_자신을 들여다보는 거울　239

1. 쌀을 깨끗이 씻은 뒤, 체에 밭쳐 물기를 뺀 다음, 솥에 안쳐 밥물을 잡는다. 무청에서 물기가 나오니 밥물을 보통 때보다 10% 정도 적게 잡는다.

2. 무청 거친 잎은 떼어내고 부드러운 잎을 끓는 물에 소금을 조금 넣고 데친다.

3. 2를 꼭 짜, 먹기 좋게 잘게 썬 뒤, 밥솥 위에 얹은 다음 밥을 짓는다.(사진4)

4. 밥이 다 되면 각자 양념장을 형편껏 얹어 비벼 먹는다.(사진5)

아이들 입맛에 맞는 양념장 만들기

어른들이야 새로운 맛이 느껴져 무청 밥을 잘 먹는다. 그런데 아이들은? 장담할 수 없 한다. 되도록 양념장을 아이 입맛에 맞게 만들어 잘 비벼주면 어떨까?

아이들은 고소한 맛과 단맛을 좋아하고 매운 맛을 꺼려한다. 아이를 위한 양념장에는 고소한 참기름과 깨소금은 듬뿍, 달콤하면서도 향기로운 매실효소나 오미자 효소 원액을 넉넉히 넣어 만들자. 매운 걸 싫어하면 고추나 마늘은 빼고, 또 무청을 되도록 잘게 썰어 넣자.

사진3 양념장(달래장)

사진4 밥솥에 안치기

사진5 양념장으로 비벼 먹는 무청밥

아내(?)를 위한 '밥상 안식년'

자급 벼농사를 짓다 보니 조금씩 새로운 세계가 열리는 걸 느낀다. 설레는 마음으로 그 문을 조심스레 열어본다. 몇 해 전에 내가 썼던 일기 한 부분을 먼저 보자.

한번은 아내가 이런 말을 한 적이 있다.
"나도 마누라가 필요해요."
마누라가 차려주는 밥 먹고, 마누라가 밥상 치울 때 신문 보는 여유를 누리고 싶다는 말이다. 20여 년을 의무감으로 차리던 밥상에서 벗어나 권리로서, 아니 그냥 당연하다는 듯이 받아먹을 수 있는 삶을 누구인들 원하지 않으랴.

그리고 몇 해가 흘렀다. 생각 속에 머물던 쉽지 않은 계획을 구체화하기로 했다. '아내에게 안식년을!' 한 해를 마무리하면서 다음 해 계획 가운데 하나로 잡았다. 그렇다고 내가 아내의 '마누라'가 될 능력은 못 된다. 다만 아내가 해오던 많은 일 가운데 조금이나마 나눠 맡고 싶다.

안식 가운데서도 '밥상 안식년'이 어떨까. 한 해 동안 밥상 차리는 걸 쉬게 하자. 그런데 이 일도 결코 만만한 게 아니다. 요 몇 해 나름대로 배우고 익힌다고 했지만 여전히 요리가 서툴고, 살림살이 도구조차 아직 다 어디에 있는지 모른다.

그렇지만 아내를 생각하고 또 나를 위한다면 못할 것도 없지 싶다. 누구나 그런 능력을 타고나는 게 아니지 않는가. 삶에 필요하다고 느끼고 자신을 부단히 바꾸었기에 가능한 것일 뿐. 된장이나 고추장 담그는 일도 그렇다. 아내 역시 서울 살 때는 전혀 해보지 않던 일인데 시골 와서 눈동냥, 귀동냥으로 배운 게 아닌가. 게다가 나로서는 좋은 조건이다. 곁에 아내라는 선배가 있으니까.

또한 내가 이렇게 마음먹을 수 있는 데는 아이들 힘도 크다. 밥상 안식년에 대해 아이들과 함께 이야기를 나누었다. 아들은 "저야, 아무래도 좋아요." 딸은 "오, 우리 아빠 대단해요. 이참에 엄마를 아예 주방 가까이에 오지 못하게 하는 게 어때요?"

솔직히 말하자면 밥상 안식년은 아내보다 먼저 나를 위한 것이다. 한 해 동안 밥상을 책임 있게 꾸려 본다면 나는 지금보다 더 독립된 인격으로 거듭나리라. 남편으로서가 아닌 남자로서, 또한 한 사람의 고유한 인격으로서. 그동안 하루에 한 가지 반찬만 하다가 한 끼 밥상을 온전히 차려낸다면 나로서는 엄청난 발전이 아닌가.

내가 생각처럼 밥상을 책임질 수 있을지는 미지수다. 갓 결혼한 새댁이 살림을 처음 배울 때 느끼는 설렘과 긴장감이 같이 밀려온다. 하여, 새해가 벅차다.

2008년 말쯤 이야기다. 이렇게 벅차게 시작했던 2009년 한 해가 지났다. 돌아보면 아득하다. 꿈결 같다. 1년 동안 밥상을 차려내면서 겪은 일화가 참으로 많았다. 냄비를 태우기도 했고, 그릇을 깨기도 했으며, 급하게 칼질하다 손가락을 벤 적도 있다. 음식이 짜거나 달아서 먹지 못하고 버린 일도 떠오른다. 무얼 차릴지 끙끙댄 날도 많다. 무엇보다 몸이 안 좋아 내 몫을 두 아이가 나눠질 때면 건강이 무엇인지를 깊이 들여다보곤 했다.

그럼에도 소득은 많다. 아내가 밥상을 차리면서 힘들었던 부분은 내게는 비어 있던 부분. 자라면서는 어머니가 내 빈자리를 대신 채워주셨고, 결혼해서는 아내가 그 자리를 채운 셈이다. 아내는 쉬면서 또 다른 충전이 필요했고, 나로서는 밥상을 손수 차림으로써 오래도록 비워둔 내 공간을 스스로 채울 필요가 있었다.

내게 필요한 충전은 원초적인 것이다. 태어나면서 누구나 자기 먹을거리를 스스로 찾는 힘을 지니지 않는가. 갓난아기는 엄마 젖을 찾아 빠는 힘을 지니며, 기면서부터는 뭐든 손에 잡히면 입에 넣어 맛을 보며 스스로 먹을거리를 찾고자 부단히 노력한다. 그런데 어느 때부터인가 이러한 몸짓을 잃어버렸다.

만일 자신이 먹을 음식을 누구나 스스로 마련한다면 그 누구도 힘들지 않을 것이다. 이 힘을 바탕으로 누군가와 함께하는 밥상이라면 늘 잔치가 되지 않겠나. 이런 경지를 나는 '원초적 충전'이라 말하고 싶다. 자신을 살리고, 남을 살리는 힘이 되리라.

그 뒤 내가 겪은 '밥상 안식년' 이야기가 언론에도 나면서 나름 사회에 어느 정도 영감을 주었나 보다. 사람마다 자신이 처한 조건에서 여러 반응이 나온다. 당장 밥상까지는 어렵겠다며 대신 설거지 안식년을 주는 사람. 시험 삼아 일주일에 한 번 밥상을 차려보는 사람. 안식년을 주겠다고 했다가 막상 해보니 후회가 된다는 사람. 한 5년쯤 넉넉히 시간을 두고 아내 모르게 조금씩 준비를 하겠다는 사람…….

나는 관련 강의도 몇 번 하게 되었다. 강의를 이어가다가 적당하다 싶은 때, 내가 청중에게 가끔 던지는 질문이 있다.

"여러분은 밥상을 어떻게 정의하나요?"

칠판에다가 '밥상은 ( )(이)다'를 적어놓고 ( )를 채워보라고 했다. 그러자 순식간에 열 분 정도가 답을 해주신다. 그만큼 밥상은 모두의

사진1 밥상은 생명이다.

절대 관심사다. 한 사람이 답을 하면 거기에서 영감을 얻어 또 새로운 답으로 이어진다.

가장 쉽게 나오는 답이 '밥상은 생명'이다. 먹어야 사니까 무난한 답이다.

그다음은 '밥상은 사랑'이다. 사랑과 정성이 없이는 날마다 상을 차리는 건 불가능하리라.

'밥상은 건강'이다. 밥상과 건강은 뗄 수 없는 관계이리라.

'밥상은 식구'다. 밥상 하면 같이 밥을 먹는 식구가 떠오르는 것도 자연스럽겠다.

그러자 남성 한 사람이 이 말을 받아,

'밥상은 아내'다. 조금은 색다른 답이다. 남성들에게 많은 공감을 얻었다.

뒤이어 중년으로 넘어가는 여성 한 사람이 내린 답.

'밥상은 올가미'다. 이 답은 절규다. 날마다 밥상을 차리고 치우는

사진2 손님 초대

일을 혼자서만 수십 년을 해온 분이 토해낼 수 있는 답이리라. 갑자기 강의 분위기가 숙연하다. 잠시 공감하는 뜻에서 침묵의 시간을 가졌다.

그런 다음 내가 준비해간 사진2를 보여주면서 이야기를 이어갔다. 이 사진은 우리 집으로 초대한 손님들이 벗어놓은 신발의 모습이다. 그런데 문제는 누가 초대했느냐이다. 아내가 초대했다. 밥상은 내가 차려야 하는데 말이다. 아내 처지에서는 시골 살면서 손님을 초대하여 밥 한 끼 내는 게 일도 아니다. 하지만 내 처지는 다르지 않는가. 정말 하루하루가 고민의 연속이다. 식구 넷이 먹는 밥상도 벅찬데 손님 밥상이라니!

하지만 엎질러진 물. 취소할 수는 없다. 아내와 많은 이야기를 나누었다. 누군가를 집으로 초대하자면 주부 허락을 받아야 하는 건 상식이다. 이 당시는 내가 주부이니까 아내가 내 의견을 먼저 물어야 하리. 그러면서 나온 답이 '밥상은 권력'이다. 밥상 차리는 사람의 수고로움을 알아주어야 한다. 조금 맛이 없어도 참아야 하고, 조금만 맛있어도 칭찬해주는 게 좋다. 밥상을 차리는 사람이 이 정도 권력을 누리는 건 자연스럽다.

이 외에도 밥상이 담고 있는 내용은 무궁무진하다.

'밥상은 예술'이다. 밥상은 보기에 아름답고, 향기가 있으며, 침이 괴게 한다. 식구들의 젓가락질 소리, 음식 씹는 소리, 목구멍으로 넘기는 소리는 또 얼마나 감미로운가. 메뚜기 떼가 지나간 듯이 알뜰하게 먹고 난 뒤의 밥상이란!

'밥상은 자유'다. 자라면서는 '어머니의 아들', 결혼하고는 '아내의

사진3 알뜰히 빈 그릇에 담긴 삶

큰아들' 노릇에서 벗어나 자유인으로 거듭난다.

'밥상은 과학'이다. 콩을 끓이면 넘치고, 단백질과 식초가 만나면 엉긴다. 전분이 누룩의 효모균을 만나면 술이 되고, 온도에 따라 식초가 되기도 한다.

'밥상은 삶의 시작이자 끝'이기도 하다. 즐거움의 첫 고리는 먹는데서 시작하지 않는가. 죽음은 더 이상 밥숟가락을 들지 않는 것이기도 하다. 밥상의 주인이 될 수 있다면 노후 대비도 자연스레 되지 않을까.

이렇게 '아내를 위한 밥상안식년'은 결국은 나를 한걸음 더 성장시키는 '특별 성장년'이 되었다.

논두렁에서 자라는 약초

　벼농사를 짓다 보면 아무래도 벼한테 집중하게 된다. 그 외에 풀이나 여러 생명들은 관심 밖이 되곤 한다. 심지어 논에서 벼와 함께 살아가는 풀은 물론이요, 논두렁에 자라는 풀까지 다 없애야 할 적이 된다.
　하지만 자연스러운 삶이란 여러 생명들이 함께 어우러지고 때로는 부대끼며 살아가야 한다. 농사는 이런 거대한 자연의 흐름을 사람 중심으로 바꾸어놓았다. 과연 이게 지속 가능할까? 사람 역시 언젠가 자연의 반작용을 받으리라. 이를테면 알 수 없는 질병에 노출되곤 한다.
　무리하는 것도 병이 되지만 음식으로 치면 우리와 가깝고 흔한 것들을 무시할 때도 몸에 탈이 날 밖에. 실제로 논과 논두렁에 자라 잡초라 여기는 풀 가운데 약초가 되는 것들이 의외로 많다. 한꺼번에 이를 다 익히는 건 어렵다. 공부삼아, 재미삼아 해마다 조금씩 익힌다.
　치료 효과 역시 한두 번 해본다고 당장 낫는다고 보기는 어렵다.

이 기회에 몸을 돌아보고, 넓게는 삶을 돌아보는 계기로 삼는다. 만일 건강을 자급할 수 있다면 우리가 삶에서 이루어낼 영역 역시 엄청 넓어지리라고 나는 믿는다.

논과 논두렁에서 자라는 풀 가운데 약초가 되는 것들을 정리해보았다. 이러저런 도감을 참고하고, 짬짬이 손수 채집하여 먹거나 찧어서 발라보곤 한 것들이다. 물론 독성이 강한 애기똥풀이나 할미꽃은 살충이나 살균 작용으로만 이용한다.

고마리: 잎을 지혈제로.
골풀: 원줄기로 돗자리 만든다. 골풀 속살은 오줌을 잘 누게 한다.
꿀풀: 어린 순은 나물로 먹을 수 있다. 줄기와 잎은 혈압을 낮춘다.
달맞이꽃: 씨는 성인병을 예방.
닭의장풀(달개비): 나물로 먹기도 하며 해열 · 해독 · 이뇨 · 당뇨병 치료에 쓴다.
마디풀: 이뇨제 회충구제.
맥문동: 뿌리를 강장 · 진해 · 거담제 · 강심제로.
방동사니: 꽃자루와 잎을 거담제로.
쇠무릎: 어린 순은 나물로, 뿌리는 이뇨 강정.
수염가래꽃 : 독충에 물렸을 때. 오줌을 잘 누게 하고, 부은 것을 내리며, 독을 푼다. 달여 마시거나 짓찧어 붙인다. 줄기를 끊으면 하얀 진액이 나온다. 많은 양을 얻기가 어려워 이런저런 나물 무침에 조금씩 넣어 함께 먹는다.

애기똥풀: 노란액에 독이 있어 살균 작용.
엉겅퀴: 어린 순은 나물로, 다 자란 것은 약으로.
원추리: 어린 순은 나물, 뿌리는 이뇨 지혈 소염제
익모초: 산후 지혈 및 보정제로
질경이: 이뇨제. 기침을 멎게 하고 눈을 밝게 한다. 가끔 나물로 무쳐 먹으면 억센 맛이 별미다.
칡: 뿌리를 약으로. 줄기는 끈으로. 냄비받침대 만들기.
한련초: 줄기를 꺾으면 검은 진액이 나온다. 나물로 데치고 난 뒤 남은 물을 차로 마시면 뒷맛이 달달하다. 간과 신을 보하고, 피 나는 것을 멈춘다.
할미꽃: 할미꽃뿌리를 백두옹이라 하며 살균, 살충작용이 강하다. 특히 무좀과 같은 세균성 피부병에 쓰인다. 독성이 강하여 구더기가 있는데 뿌리를 썰어 넣기도 한다.

참고로 뿌리를 약초로 쓸 생각으로 캘 때는 논두렁이 터지지 않게 아주 조심해야 한다. 맥문동, 원추리, 할미꽃 뿌리를 캘 때 특히 조심해야 한다. 빈대 잡으려다 초가삼간 다 태우는 수가 있다. 논농사가 기본, 약초는 공부거리이자 덤이다.

약초 가운데 음식으로 먹을 수 있는 것들을 소박하게 요리해서 먹어본다.

한련초 요리(한련초 무침)
한련초는 논이나 습한 밭에서 잘 자라는 한해살이 풀. 줄기를 꺾으면

특이한 모습을 볼 수 있다. 처음에는 아무 색깔이 없다가 차츰 검게 바뀐다.

줄기가 땅에 닿으면 닿는 자리에는 뿌리가 내린다. 논에서 뽑아서 그냥 두면 줄기 곳곳에서 뿌리를 뻗으며 새롭게 거듭난다. 생명력이 참 강한 풀이다.

그래서일까. 한련초는 약초로 쓰임새가 많다. 약성이 순해 부작용도 없단다. 그렇다면 우리는 약보다는 음식으로 먹어본다.

이를 어찌 먹을까. 인터넷으로 이래저래 검색해보지만 달여서 약으로 먹는 이야기들만 즐비하다. 그렇다면 가장 쉬운 방법이 데쳐서 나물로 무쳐먹는 방법.

된장과 고추장 각 반 술, 참기름 반 술 해서 조물조물 무쳤다. 마지막으로 깨소금 살짝. 먹어본 식구들 소감. 아내는 "먹을 만해요. 일부

사진1 한련초무침

러 찾아 먹지는 않겠지만, 있다면 먹을 만해요."

아들은 "취 맛에 가깝네요."

그러고 보니 향은 취에 가깝고, 씹는 맛은 참비름에 가깝다. 특히 줄기 밑동은 억센 편이다. 가끔 목이 마를 때는 병에 담아둔 한련초 차를 마신다. 나름 독특한 맛이다. 한련초 무침. 여름 한철, 가끔 음식으로 먹어야겠다.

들풀 모둠 된장국

약초마다 하나씩 맛을 보았다면 그다음부터는 그냥 손이 가는 대로 뜯어서 형편대로 먹는다. 가장 쉽고도 다양한 약성을 얻을 수 있는 건 그야말로 모둠 요리. 달개비, 마디풀, 쇠무릎, 쥐손이풀, 엉겅퀴, 질경이, 한련초 잎과 줄기를 조금씩 뜯는다. 제철이다 싶은 것은 조금 많이, 억세다 싶은 것은 아주 조금. 이를 흐르는 물에 잘 씻어 된장국으로 끓인다.

무슨 맛일까? 그때마다 맛이 다르다. 날마다 삶이 다르듯이.

벼농사와 자식농사,
닮은 점과 다른 점

　농사와 자식 키우기는 서로 닮은 점이 많다. 그래서 자식농사란 말도 있지 않는가.
　농사꾼은 씨앗에 엄청 공을 들인다. 가을걷이 전에 튼실한 나락을 잘 골라 벤다. 이를 그늘에 말린 다음, 홀태 같은 도구로 정성스레 훑는다. 콤바인으로 하면 낟알이 깨질 위험이 높기 때문. 그런 다음에도 가능한 한 더 충실한 씨앗을 얻기 위해 소금물가리기를 한다.
　정농회에 처음 가입하고 들었던 강의 가운데 이런 내용이 있었다.
　"볍씨를 만질 때는 부부싸움을 하지 않는다."
　나로서는 충격이었고, 오래도록 잊히지 않는 내용이다. 행여나 볍씨한테 조금이라도 나쁜 기운이 들어가서는 안 된다는 것이다. 씨앗은 모든 것의 시작이기도 하지 않는가.
　따지고 보면 우리 사람도 씨앗. 부모 씨앗으로 태어나고 자라, 다시 자식을 낳을 씨앗을 우리 몸속에 갖는다. 우리는 이 씨앗을 잘 간직하기 위해 얼마나 정성을 기울이나. 대부분 자식을 가진 다음 태교를 한다. 몸에 좋은 거 먹고, 나쁜 마음을 되도록 먹지 않도록 조심한다. 그런데 정작 더 중요한 건 아이를 갖기 전부터다. 부모가 몸과 마음이 건강한 상태에서 아이를 가져야 한다는 걸 벼농사를 지으며 새삼 깨우친다.

자녀를 키우는 과정도 마찬가지. 벼 직파는 벼한테 많은 걸 맡긴다. 그렇다고 무작정 볍씨를 뿌렸다가는 망한다. 벼는 물론 풀, 흙, 해, 벌레와 같은 자연에 대해 많은 공부가 필요하다. 마찬가지로 자녀교육에 대해서도 공부를 많이 해야 한다. 많이 알수록 아이에 대한 믿음이 커진다.

모내기 벼에서는 볍씨를 모판 상자에서 키운다. 아무리 어린 싹이지만 빼곡하게 볍씨를 뿌리면 모끼리 경쟁이 치열하다. 모를 심을 때도 한 번에 두세 포기가 아닌 열 포기가량 심게 되면 제대로 가지치기를 못한다. 자랄수록 햇살도 충분히 받기 어렵고, 바람도 잘 통하지 않는다. 웃자라게 되고 병에 약하게 된다. 이를 이겨내기 위해 비료와 농약에 다시 의존하게 된다.

여기 견주어 직파는 볍씨를 바로 뿌리고, 한곳에 하나씩 자라며, 볍씨끼리 적당한 거리를 둔다. 모내기 벼와 자라는 모양새가 다르다. 벼가 뿌리를 내리고 자랄수록 부챗살처럼 펴진다. 그 이유는 주어진 공간에서 햇살을 마음껏 받고자 함이다. 햇살이 잘 든다는 건 바람도 잘 통한다는 말이다. 물 떼기와 걸러대기를 통해 벼는 뿌리를 강하게 뻗게 된다. 병에 강하고, 비바람을 이겨내게 한다. 직파 역시 촘촘하게 많이 뿌리면 벼마다 경쟁이 치열하여 모판 상자 벼와 비슷한 처지에 놓이게 된다.

아이들 역시 마찬가지. 지나치게 치열한 경쟁은 아이들을 숨죽이게 한다. 겉으로는 키도 크고 몸집도 좋지만, 벼가 웃자란 것마냥 허약하다. 제대로 몸을 쓸 줄 모르고, 몸 쓰는 걸 그리 좋아하지도 않게 된다.

요즘 청년들을 '3포' 세대를 넘어 '7포' 세대라고까지 부른다. 과도한 경쟁으로 연애와 결혼 그리고 출산은 물론 꿈마저 포기하는 젊은이들이 생겨난다.

우리는 식물이라면 다 한해살이를 잘 마치리라 여긴다. 자라고, 꽃 피우고, 열매를 맺는 과정이 본성이라 본다. 그런데 벼농사를 지어보면 꼭 그렇지가 않다. 예전에 모내기를 할 때였다. 모를 심고 남은 모판 상자가 있었다. 그냥 버리기가 아깝고, 또 이 벼들이 어떻게 자라고 열매 맺을지가 궁금했다. 논 한 귀퉁이에 상자 모에서 상자만 뺀 상태로 통째로 그냥 둔 적이 있었다. 보름이 지나자 표가 확 났다. 모를 낸 벼는 새롭게 뿌리를 내려 잎도 푸르고 키가 컸다. 하지만 상자 벼는 지나치게 부대끼며 양분이 부족하여 키도 작고, 빛깔도 푸르기보다 누런빛을 띠었다.

가장 두드러진 차이는 벼꽃이 필 때다. 제대로 자란 벼는 이삭 하나에만 벼꽃이 100여 송이 이상 핀다. 그런데 상자 벼는 일단 벼꽃이 피는 이삭이 드물다. 사진1에서 보듯이 상자 하나에 들었던 모판 벼는 수백 포기인데 정작 꽃을 피우는 이삭은 열 포기도 채 안 된다. 그나마 이삭 하나에서 핀 꽃의 수는 열 개 남짓. 낟알도 이앙 벼에 견주어 작다. 아마 맛도 부족하리라. 그냥 눈으로 보기만 해도 '짠하다'. 먹을 생각조차 안 든다.

사진1 제대로 자라지 못해 가지치기를 전혀 못 하고 꽃조차 피우지 못하는 게 많다. 도열병이 만발.

 이렇게나마 꽃을 피우고 열매를 맺은 이삭은 나름 한해살이를 했다. 하지만 대부분 상자 속 벼는 꽃조차 피우지 못하고 생을 마감했다. 꿈을 포기하는 건 꼭 사람만이 아니다. 식물도 극심한 환경과 스트레스에 맞닥뜨리면 이처럼 꿈을 포기하는 셈이다.

 그럼, 적당한 경쟁은 어디까지일까? 매 순간 적당히 자극이 되는 경쟁이 가능하다면 얼마나 좋겠나. 쉽지 않은 과정이다. 다만 벼농사와 자식농사가 닮은 점이 많지만, 크게 다른 점도 있다는 데서 답을 얻고자 한다.

 벼는 말이 없지만 아이들은 말을 한다. 벼가 병에 걸리면 농부는 벼한테 무릎을 꿇고 빈다. 벼는 말이 없기에 벼를 잘 관찰하고 또 공부를 하면서 그 답을 찾는 수밖에. 여기 견주어 아이들은 힘들면 힘들다고 한다. 아프면 어디가 어떻게 아프다고 한다. 이렇게 말을 하니 벼농사보다 쉬운 게 자식농사라 하겠다. 곡식 농사에 기울이는 노력의 반의 반만이라도 아이들한테 기울여보자.

　우리 부부는 이렇게 곡식한테 영감을 얻고 또 자녀교육에 대해 나름 공부를 하면서 아이들의 선택을 존중하게 되었다. 두 아이가 일찍이 학교를 그만두고 집에서 놀고, 배우고, 일하며 자랐다. 그 과정에서 겪는 여러 고민과 기쁨을 묶어 『아이들은 자연이다』라는 책을 냈다.

　벼는 선 자리에서 한살이를 마감하지만 아이들은 바라는 곳으로 여행을 갈 수 있다. 비록 아이들이 집에서 자라지만 벼하고 달리 친구가 필요하면 친구를 찾아갈 수도 있고, 집으로 초대할 수도 있다.

　우리 아이들이 한창 사춘기를 지날 무렵에는 학교를 다니지 않는 아이들끼리 모임을 만들어 서로 어울릴 수 있게 했다. 아이들은 전국을 돌며 어울리고 서로의 가정을 마치 내 집처럼 드나들며 성장하게 되었다. 그리고 일 년에 한두 번 캠프를 열기도 했다. 모내기철이나 가을걷이 때 비슷한 또래 아이들 열 명 정도가 4박5일 함께 일하고

사진2 **사람 반 모 반**

겨울_자신을 들여다보는 거울

공부하고 놀았다. 일 년에 한 번쯤은 비슷한 몇 가정들이 모여 2박3일 '성장잔치'를 열기도 했다. 한 해 동안 각자가 성장한 내용을 나누는 자리였다.

내가 학교 다닐 때는 식물의 생육에 필요한 3대 요소가 질소, 인산, 칼리라고 배웠다. 하지만 곡식을 키워 보니 사람들이 분석한 것보다 훨씬 다양하고 복합적이다. 공부도 그렇지 않은가. 국어, 영어, 수학이 중심일 수 없다. 사람의 성장에 관여하는 요소는 훨씬 많고 복잡하리라. 그렇다고 그 많은 걸 부모나 교사가 다 해줄 수는 없다.

내가 믿는 건 바로 '생명의 본성'. 배움도 본성 가운데 하나라고 믿는다. 잘 산다는 건 잘 먹고 잘 자는 것 못지않게 잘 배운다는 것도 포함된다.

벼 직파도 생명의 본성을 잘 살리고자 하듯이 아이들도 마찬가지. 벼가 마음껏 자랄 수 있는 환경을 만들어주는 것이 농부의 역할이듯 부모는 자녀교육을 위해 아이들이 마음껏 자랄 수 있는 환경을 만드는 데 그 역할이 있으리라. 나머지는 벼가 알아서 자라듯이 아이들도 저희 알아서 자라게.

그런 환경 가운데서도 최고라면 부부가 사이좋게 사는 것이리라. 그러고 보면 농부가 볍씨를 만지는 그 마음, 그 정성과도 고스란히 통하지 않는가.

논, 벼, 쌀, 밥……. 쉽고도 근본이 되는 한 글자 우리말

    벼농사를 처음 지을 때가 떠오른다. 농사를 짓겠다고 마음먹었지만 앞뒤가 캄캄한 게 현실. 그 당시 가장 좋은 선생은 마을 어른들이었다. 경험도 많고 가까이 사니까.

    하지만 농사를 짓자면 알아야 할 게 어디 한두 가지인가. 볍씨를 언제 어떻게 싹을 틔우는지, 논을 어찌 관리해야 하는지, 심고 가꾸는 건 또 어찌하는가. 그때마다 어른들을 찾아가 하나하나 묻기도 어렵다. 게다가 할아버지들은 몸으로 보여주는 건 잘하지만 말로 앞뒤를 자세하게 이야기하는 건 아무래도 서투른 편이다.

    내게는 이래저래 책이 좋았다. 전체 흐름을 읽어낼 수 있고, 필요할 때마다 뒤져보면 될 테니까. 지금은 농촌으로 내려오는 사람이 많고, 들녘 출판사에서 '귀농총서'라는 이름으로 벼농사 책을 제법 내고 있는 실정이다. 하지만 내가 처음 농사지을 때만 해도 시중에서 구할 수 있는 책은 전문가용으로 달랑 한 권이 전부였다. 대학 교재용으로 제목이 『手稻作』, 이 책은 제목마저 이렇게 한자로 되어 있었다.

하지만 그때 나 자신이 벼농사 공부에 목이 말랐기에 고맙게 이 책으로 공부를 했다. 차례를 크게 보자면 재배사, 생육론, 품종론, 환경론, 재배론, 마지막 장에는 생산물 처리까지 다루어 벼농사 전체를 꿰게 해주었다. 책을 읽다가 잘 모르는 것만 마을 어른들한테 여쭈어 보면 되었다.

농사란 사람 힘만으로 안 되는 것. 한 해 농사가 끝나고 그해 겨울, 한 해를 돌아보면서 잘잘못을 되짚어보려고 다시 『手稻作』 책을 손에 들었다. 역시 도움이 제법 되었지만 이번에는 한자말이 많이 거슬렸다. 이를테면 분얼(分蘖)이란 말을 보자. 우리말로 하면 '가지치기'라면 될 테다. 어려운 말이 한두 자가 아니다.

한글 표기도 없이 한자로만 된 단어도 제법 되어 옥편을 찾아 낑낑대며 읽었다. '主稈의 분얼절에서……' 이렇게 나오니 뜻을 알고자 '稈'을 사전으로 찾아 메모를 해두었다. '짚 간'으로 나온다. 그렇다 하더라도 주간의 뜻을 잘 모르겠다. 글자 그대로 풀자면 아마도 중심 줄기 정도가 아닐까 싶다. 글자만으로 전혀 느낌이 안 오는 것도 있다. 벼꽃의 구조를 설명하면서 부호영(副護穎)이니 소지경(小枝梗)이니 하는 단어를 보면 이쯤에서는 아예 뇌가 멈춘다.

그런데 직접 농사를 짓다 보면 우리말이 참 아름답고, 쉽고, 맛깔스럽다는 걸 깨닫게 된다. 그 가운데서도 한 글자로 된 우리말이 더 그렇다. 우리가 일상에서 흔하게 보거나 듣거나 만들거나 먹는 것이 대부분 한 글자로 된 우리말이라는 사실. 몸, 쌀, 밥, 집, 옷, 물……. 이렇게 한 글자 우리말을 찾다 보니 의외로 많아 이들을 몇 가지 내용에 따라 갈래를 나누어보았다.

몸: 뼈 살 피 숨 입 코 눈 귀 이 혀 침 목 배 똥 손 발 털

농사: 씨 싹 밥 쌀 논 벼 모 피 땅 밭 콩 밀 팥 조 깨 박 갓 김 풀 쑥 일

음식: 밥 국 김 뜸 빵 떡 참 묵 젖 알 술 꿀 맛

집과 옷: 샘 집 짚 칸 잠 못 담 울 움 실 옷 솜 베 올

도구: 쇠 칼 낫 삽 솥 침 활 빗 자 줄 끈 되 신 붓 먹

자연: 철 때 날 해 빛 볕 달 별 비 눈 물 불 흙 땅 돌 낮 밤 봄 꽃 잎

동물: 개 닭 소 말 새 매 꿩 곰 범 삵

과일: 감 밤 배 잣

사람이 꺼리는 생물: 쥐 뱀 벌 이 옻

존재: 나 너 임 님 놈 년 애 딸

놀이: 춤 끼 징 북 윷

철학: 삶 앎 참 철 얼 말 글 힘 덤 틈 품 삯 돈 빚 멋

이런 나누기는 내가 형편껏 해본 것이며 현실에서는 서로 연결된다. '몸'을 이어가자면 '밥'을 먹어야 하고 밥을 하자면 '쌀'이 있어야 하며 쌀을 얻자면 '벼'를 키워야 한다.

농사 가운데서도 벼농사와 연결되는 한 글자 우리말이 많다. 벼농사를 짓자면 논, 흙, 물, 해, 씨가 있어야 한다. 흙은 때로는 '땅'으로 불리고, 해는 '볕'이 된다. 볍씨를 못자리에서 싹틔워 '모'를 키운다. 모를 내기 전에 '논'에다가 '물'을 가두고, '소'를 몰아 논을 써레질한다. 그다음 못자리에서 키운 모를 논에다가 골고루 심고, 그 이후부

사진1 논, 벼, 흙, 눈

터는 '벼'라고 한다. 벼는 '해'를 받고 '비'를 맞으며 무럭무럭 자란다. 벼가 '꽃'이 피고 익어 방아를 찧으면 '쌀'이 되고, 이걸로 '밥'을 짓는다. 벼 알곡을 거두고 남은 '짚'은 소 먹이가 되기도 하고 초가지붕을 이는 '집' 재료도 쓰인다.

이렇게 하는 과정 하나하나를 '일'이라 하며 일은 '때'를 맞추어 해야 하며 때를 놓치면 같은 일도 배로 '힘'이 든다. 일하다가 힘이 부치면 끼니도 두 '끼', 세 끼 먹지만 짬짬이 '참'도 먹는다. 쌀로 밥을 짓지만 이외 '죽'도 끓이고, '떡'도 해 먹고, '술'도 빚는다. 다 한 글자다. 한 글자인데도 말만 들어도 침이 고이고 아름답지 않은가. 밥을 먹을 때는 '이'로 잘 씹고, '침'을 나오게 해서 '목'으로 삼킨다. 이렇게 넘긴 밥 가운데 우리 '뼈'와 '살'과 '피' 그리고 '몸'을 이루고 몸에 쓰이지 않는 것들은 '똥'으로 다시 나온다.

농사를 깊이 이해한 우리네 농사꾼들은 농사에는 해만이 아니라

'달'도, '별'도 영향을 끼친다고 한다. 당연히 '낮'은 낮답게 환해야 하고, '밤'은 밤답게 달빛 따라 날마다 달라야 한다. 예전에는 김매기가 여간 어려운 일이 아니었다. '풀'과 '김'. 김은 밥 지을 때 나는 수증기도 되지만 풀 뽑는 일을 김매기라 한다. '들'에서 김매다 보면 온갖 풀을 만나게 된다. 논풀 가운데서 벼와 가장 가깝고 골칫덩어리 풀이 바로 한 글자인 '피'다.

사진2 벼, 꽃, 벌

이렇게 우리네 목숨과 가까운 말들이 우리말 한 글자로 되어 있다. 그만큼 벼농사 역시 우리네 삶을 떼어놓기 어렵게 기본이 된다.

가능하다면 한자로 바꾸어놓은 어려운 농사 말을 우리말로 다시 바꾸어보자. 자주 쓰는 말일수록 쉽고도 간단하다니 이게 얼마나 자연스러운 일인가. 삶의 근본이 되는 한 글자 우리말. 소리 내어 찬찬히 읽어본다. 모, 벼, 쌀, 몸, 뼈, 살, 해, 물, 논, 흙, 들, 풀…….

소비보다 창조하는 문화를

옛날에는 머슴이라는 직함이 있었다. 주로 벼농사를 크게 짓는 부잣집에 고용되어 그 집의 일을 해주고 대가를 받는 사내를 이른다. 가을걷이 끝나면 나락을 받는다. 머슴은 농사일만이 아니라 온갖 잡일을 다 하기에 그 누구보다 안방마님에게 크게 필요한 사람이다. 주인장은 글만 읽을 줄 알지, 몸 움직이는 일은 다 머슴 몫.

이런 머슴을 요즘은 보기가 어렵다. 대농이라면 농업노동자를 고용하여 쌀 대신 돈으로 계약을 하며, 농업노동자들은 자신이 맡은 일만 한다.

머슴에는 꼴머슴과 상머슴이 있다. 상머슴은 일을 아주 잘하는 장정 머슴이다. 삯도 제법 많아 머슴살이를 여러 해 하고 나면 땅을 사서 독립하는 경우가 많았다. 꼴머슴은 일을 배우기 시작하는 어린 머슴이다. 요즘으로 치면 인턴이라고 할까. 가난하던 시절에는 교육을 따로 받기가 어려웠다. 초등학교도 제대로 못 나온 상태에서 머슴살이를 해야 했다.

꼴머슴이 하는 일 가운데 가장 큰 일은 소를 돌보는 일이다. 옛 농촌에서 소는 얼마나 큰 일꾼인가. 사람 서넛 몫을 한다. 그러니 소는 먹기도 많이 먹는다. 소를 부려 쟁기질하고 써레질을 하는 건 상머슴이지만 이 소를 거두고 먹이는 건 꼴머슴 몫이다. 날마다 지게로 두어 짐씩 소꼴을 베어다가 소를 먹이는 일에다가 온갖 허드렛일을 다 해야 하는 게 꼴머슴 일이다. 낫질에 손이 성할 날이 드물었다.

어린 꼴머슴의 일은 고되고 위험했지만 대가는 적었다. 늘 배가 고팠고, 잠이 모자랐다. 그럼에도 마님 눈에 꼴머슴은 일이 서툴며 밥은 많이 먹는 데다가 잠꾸러기로 비치곤 했다. 반면에 상머슴은 농사일도 잘하지만 시골살이에 필요한 거라면 뭐든 못하는 게 없다. 새끼 꼬기를 비롯하여 이엉 엮기, 가마니 짜기, 짚신 만들기, 둥구미 엮기, 나무 지게 만들기…….

이런 것들은 삶에 꼭 필요한 것들이면서도 아름다웠다. 만드는 과정 하나하나 손으로 다 하는 게 아닌가. 그야말로 한 땀 한 땀, 한 매듭 한 매듭 해나간 것들. 남에게 보여주거나 팔기 이전에 스스로가 먼저 필요해서 만드는 물건들. 다만 만드는 김에 남보다 더 잘하고픈 마음도 작용했으리라. 이 물건들은 손으로 만들었기에 세상에 단 하나밖에 없는 것들이다.

하지만 오늘날은 이런 삶과 문화가 거의 사라졌다. 그렇다고 지난날의 추억을 되씹고 있을 수만은 없다. 예전 삶 가운데 오늘과 만날 수 있는 부분이 있다면 이를 잘 살려야 하리라. 돈 주고 시장에서 사서 쓰는 편리함 대신에 손수 만들어 쓰면 그 나름 가치가 있다. 솜씨가 좀 부족하면 어떠리. 제멋에 산다고도 하지 않는가.

나는 이런 내 모습을 두고 '현대판 머슴'이라 부른다. 돈 주고 사면 간단한 것들을 손수 하니 말이다. 아내가 해달라고도 하지 않는데 저 알아서 한다는 점에서 그렇다. 아내가 마님이 되어 자신을 칭찬해주길 은근히 바라면서.

남편이 상머슴이 되기는 결코 쉽지 않다. 아니, 시간이 필요하다. 안 해보던 시골살이, 뭐든 손수 만들어 자급을 해야 하는 구조에서는 남편이 꼴머슴 수준의 실력밖에 안 된다는 말이다. 그래도 자꾸 해보다 보면 실력이 는다. 마님 역시 돈 쓰는 재미보다 남편이 해주는 꼴머슴 수준의 생활품들을 더 즐겨야 한다. 서툰 솜씨를 구박했다가는 마님 되기는 틀렸다고 보면 된다.

현대판 머슴과 마님은 이렇게 새로이 태어나는 거다. 그런데 머슴은 머슴 노릇을 해보니 그 나름 재미가 쏠쏠하다. 손놀림에 따라 조금씩 그 모습을 드러내는, 세상의 단 하나의 물건. 결과 이전에 과정에서부터 가슴 뛰는 일이다. 이를 지켜보던 마님 역시 눈이 커지며 머슴 보는 눈이 달라진다. 잃어버렸던 '제 눈에 콩깍지'를 되찾게 된다.

옛날 마님들이야 일이 서툰 꼴머슴들에게 잔소리를 퍼부었겠지만 현대판 마님들은 꼴머슴의 서툰 솜씨를 예쁘다 한다. 보기 나름이다. 세월의 강을 넘어, 그야말로 한 땀 한 땀 정성이 들어간 생활 공예가 주는 에너지를 느낄 수 있어야 마님 자격이 생긴다.

인테리어 수준의 달걀 꾸러미

여기서는 간단하게 볏짚으로 만드는 달걀꾸러미와 칡으로 만드는 냄비받침대를 소개한다. 옛날에는 볏짚 용품이 참 흔했다. 웬만한 생활용품이라면 볏짚으로 다 만들었으니까. 달걀 꾸러미도 그 하나다.

　시골 살다 보면 자급하는 뜻에서라도 닭 몇 마리 정도는 흔하게 키운다. 입춘 지나고 나면 닭이 제법 달걀을 낳는다. 암탉이 여러 마리인 경우 병아리를 깨어나게 하자면 사람이 어느 정도 관리를 해주어야 한다. 여러 마리 암탉이 저마다 둥지를 만들지 않는 한, 한곳에 자꾸 알을 낳으려 하기 때문이다.

　그러다 보면 먼저 품으려는 암탉이 생기고, 나머지 닭들은 품고 있는 암탉 둥지에 계속 알을 낳게 된다. 이러다 보면 나중에 낳는 달걀은 부화가 될 수 없고, 또 알이 너무 많아지다 보면 암탉이 알을 품는 과정에서 충분히 알을 다 굴리기도 어렵다.

　알을 낳는 즉시 끄집어내어 따로 보관해야 한다. 이런 유정란은 가능하면 냉장 보관보다 상온이 좋다. 살아 숨 쉬는 생명이니 그렇다. 게다가 병아리를 깔 목적이니 더 정성을 기울이는 게 좋겠다. 요즘 세상은 포장 기술이 발달해서 달걀이 서로 부딪혀 깨지지 않게 꾸러미가 잘되어 나오는 편이다.

　하지만 상품화된 포장제에 보관하기보다 옛날 방식을 따라 해보는 것도 나름 뜻이 있을 듯하다. 바로 볏짚으로 꾸러미 만들기. 볏짚은 자연소재인 데다가 가볍고 다루기 좋으며 따뜻하여 잘 만들면 예쁘기도 하다. 좀 근사하게 말하자면 '볏짚공예'가 된다.

　볏짚이란 자연소재 자체만으로도 아름다운 그 무엇이 숨어 있는데 여기에 사람 손길이 닿아 새로운 물건으로 다시 창조될 때 그 아름다움은 예술적 가치가 충분하지 않을까. 게다가 삶 자체와 맞물려 있으니 상품화된 포장제와 굳이 견줄 필요 없이 그냥 보는 것만으로 흐뭇하다. 만들고 보니 거실이나 주방 인테리어로도 어울릴 거 같다.

만드는 요령을 순서대로 적어본다. 한 올 한 올 볏짚을 만지는 느낌을 느껴보자.

1. 먼저 농약을 치지 않은 볏짚을 한 묶음 구한다.(사진1)

2. 볏짚 밑동에는 겉껍질이 붙어 있는데 이를 벗겨내는 게 일하기도 좋고, 작품도 예쁘게 된다. 겉껍질을 벗기는 요령이 있다. 밑동을 아래로 해서 들었다가 놓기를 반복하면 가지런하게 된다. 이를 이삭 쪽으로 잡고 밑동을 나무 기둥에다가 가볍게 툭툭 친다. 그러다 보면 겉껍질이 가볍게 떨어져 나간다. 잘 안 떨어지는 건 손으로 잡고 슬쩍만 당겨도 벗겨진다.

3. 2를 물에 반나절 정도 담가 불린다. 마른 볏짚은 딱딱해서 꾸러미를 만들다 보면 자꾸 부서진다. 물을 먹여두면 부드럽게 되어 일하기가 좋다.(사진2)

4. 3을 꺼내어 물기를 어느 정도 뺀 다음, 볏짚을 2~3센티미터 간격으로 굽혔다 펴기를 반복한다. 자분자분 만져준다는 기분으로. 이렇게 해두면 볏짚이 자유롭게 휘어지면서 잘 끊어지지도 않는다.

사진1 볏짚 한 모숨 준비　　사진2 물에 반나절 불린다.

5. 고른 볏짚 한 모슴, 즉 첫째와 둘째손가락을 동그랗게 서로 만나게 할 정도의 볏짚이면 꾸러미 하나가 된다. 자, 여기서 나는 전통적인 달걀 꾸러미 만들기와 좀 다른 방식으로 해보고자 한다. 볏짚공예는 기본만 알면 응용이 무궁무진하지 않는가. 옛날 방식은 밑동을 한꺼번에 가지런히 해서 꾸러미를 만든다. 그 구체적인 모습은 인터넷으로 검색을 하면 볼 수 있다. 나는 한 모슴을 반으로 갈라 좌우로 놓는다.(사진3) 그 이유는 나중에 마무리를 쉽게 할 수 있고, 꾸러미가 균형감을 갖게 하기 위해서다. 이때 한 꾸러미에 달걀을 몇 개쯤 올린 것인가에 따라 좌우로 겹치는 위치가 달라진다. 말이 길어 그렇지 직접 해보면 간단하다. 처음 해보는 사람은 우선 달걀 두 개만으로 해보길 권한다.

6. 달걀 하나에 5센티미터 잡고, 달걀을 두 개 놓는다면 10센티미터. 여기다가 양쪽에 묶어주는 폭을 각각 5센티미터 정도 잡으면 좌우가 겹치는 부분이 대략 20센티미터면 된다. 겹치는 왼쪽 부분 5센티미터쯤에 볏짚 한 올을 가져다가 두 바퀴 정도 돌려 묶는다. 말로 하자니 좀 어렵다. 잘 안 되면 두 바퀴 정도 돌린 다음 다른 볏짚 사이에 끼운 뒤 이를 다시 반대로 젖혀 한 번 더 꼬아두어도 된다. 나

사진3 반을 갈라 좌우로

사진4 한쪽 끝을 묶는 모습

혼자서 이 모습을 사진에 담자니 어렵다. 사진4는, 오른손으로는 사진기를 잡아야 하니 결국 왼손으로 대충만 잡고 해본 모습이다. 직접 해보면 어렵지 않다.

7. 묶은 곳 다음 쪽으로 달걀이 넉넉히 들어갈 수 있게 공간을 벌려주면서 그 사이에 달걀 하나를 얹는다. 다시 볏짚 한 올로 달걀 중간쯤을 꾸러미 몸체랑 묶어준다.(사진5) 묶어주고 남는 여유 볏짚은 역시 풀리지 않게 서로 돌려준 다음 꾸러미 몸체 볏짚과 한 덩어리가 되게 잡아준다.

8. 두 번째 달걀을 얹고 앞 달걀과 사이에 한 번 더 묶으면 튼튼하지만 꼭 하지 않아도 된다. 두 번째 달걀을 묶는 건 첫 번째와 같다.

9. 필요한 달걀을 다 묶고 남은 여유가 5센티미터 정도 되는 지점을 처음처럼 볏짚 한 올로 묶어준다.

10. 이제 양쪽 마무리 새끼 꼬기. 남은 볏짚은 세 가닥으로 나누어 삼단 묶기를 두세 번 한다. 그다음부터는 이를 두 가닥으로 나누어, 그 가닥에다가 각각 볏짚 두 올을 새로 가져다가 두 줄 새끼를 가볍게 꼰다.(사진6)

11. 마무리 가위질. 볏짚 공예를 하다 보면 작은 지푸라기가 여기

사진5 달걀 중간 부분을 묶는다.   사진6 삼단 묶기를 하다가 두 줄 새끼로 마무리

사진7 볏짚 달걀꾸러미로 거실인테리어

저기 삐져나온다. 이를 보기 좋게 가위로 잘 정리해준다. 특히 이를 집 안에 들인다면 반드시 가위질을 해서 지푸라기가 실내에 떨어지지 않게 해야 한다.

12. 새끼 두 줄을 서로 묶어 적당한 곳에 걸어두면 된다. 내가 걸어둔 곳은 싱크대 앞과 거실 달력 위다.(사진7)

이상, 글로 설명하니 꽤 길다. 하지만 재미삼아 해보면 어렵지 않다. 조만간 귀여운 병아리를 만난다는 마음으로 하면 더 잘될 테다.

이렇게 한 번 볏짚을 다루고 나면 그 응용은 하기에 따라 무궁무진하다. 메주 하나를 처마에 매달 때도 볏짚은 요긴하다. 볏짚에는 사람한테 유익한 곰팡이균이 있어 메주를 잘 뜨게 하니까.

그다음은 칡으로 만든 냄비받침대. 요즘 냄비받침대는 종류가 엄청 많다. 시골살이를 하다 보면 역시나 냄비받침대를 만들 재료가 널

사진8 볏짚으로 메주 엮어 달기

려 있음을 알게 된다.

한번은 시장에서 사다 쓰던 받침대가 망가진 적이 있다. 수입산인데 재료가 우리네 칡과 비슷했지만 한눈에 봐도 칡보다 약했다. 한 해도 쓰지 않았는데 망가졌다. 이참에 손수 만들어보자는 생각이 들었다. 우리 집 둘레에는 칡이 아주 흔하다. 이 칡으로 만들자. 그런데 인터넷을 뒤져도 칡 줄기를 어찌어찌 하라는 정보가 없었다.

나 혼자서 가느다란 칡 줄기를 끊어와, 망가진 받침대를 보고 따라 엮었다. 머릿속 생각에는 꿈이 야무졌다. 상머슴처럼 잘 만들어 마님한테도 사랑받고, 다른 사람에게도 선물도 하고, 점차 인기가 좋으면 나중에는 팔 생각까지 했다. 근데 첫 시작부터 뜻대로 안 됐다. 상머슴이 있다면 따라서라도 하겠지만 내 솜씨는 꼴머슴 수준도 안 됐다.

근데 계속해보니 중심에서부터 두어 바퀴 돌린 다음에는 조금씩 요령을 알겠다. 뭐든 해보면 된다. 다음에는 더 잘할 수 있다는 자신감이 들었다. 이렇게 냄비받침대를 절반 정도 엮었을 때 마님이 보고야 말았다.

"어, 좋은데요!"

마님의 너그러운 마음 씀씀이로 용기 백배. 마무리를 했다. 이제 칡으로 받침대를 엮는 것 자체는 어느 정도 하겠다. 이 받침대를 쓴지, 열흘가량 되어오는데 그 나름 튼튼하고 좋다. 말라가면서 아주 볼품이 없으리라 여겼는데 그런대로 봐줄 만하다. 무엇보다 마님이 날마다 쓴다.

"다음에는 이거보다 조금만 더 크게 만들어주구려. 큰 냄비도 올리게."

우리는 많은 걸 돈을 주고, 사고, 또 소유한다. 더 나은 게 나오면 먼저 산 것들이 초라해진다. 형편이 허락하면 쉽게 버린다. 소비에는

사진9 칡으로 완성한 냄비받침대

상대적 박탈감이 항상 있다. 하지만 손수 만드는 것들은 만드는 과정에서 우리 몸과 마음이 함께했기에 그 에너지가 고스란히 물건에 스민다.

상대적 박탈감 대신에 절대적 만족감을 느낀다. 누구보다 더 잘 만들어야 할 필요가 없다. 그냥 이걸 쓰는 내내 그야말로 소비가 아니라 아름다운 소유가 된다. 쓸수록 더 빛나는 물건들. 쓰다가 버릴 때는 쓰레기가 아니라 거름이나 땔감이 되는 것들. 소비하는 문화가 아닌, 생명의 문화는 거창한 데 있는 게 아니라 일상에서 누리는 이런저런 창조 행위가 아닐까.

냄비받침대는 쓰임새가 아주 좋다. 얼마나 튼튼한지 당시 만든 냄비 받침대를 6년이 지난 지금도 잘 쓰고 있다. 그래서일까. 아름다움의 정의도 달라질 수 있다는 걸 실감한다. 위대한 예술가의 작품만 아름다운 게 아니며, 소박하지만 일상에서 쓰임새가 많은 것이야말로 정말 아름답다고……

손수 만든 물건은 자신을 닮고, 더 빛나게 한다. 만드는 과정에서 몰입을 했고, 완성한 다음에는 성취감을 느꼈다. 일상에서 거의 날마다 쓰니 값진 보물이나 다름없다. 손으로 만질 때면 과거가 떠오르고, 거기에 쏟아넣은 에너지가 되살아나는 듯하다.

자기 안에 잠자는 예술적 본성을 '제 손'으로 하나둘 살려나갈 때 우리 사회는 진정 아름다울 수 있으리라.

〈목숨꽃〉, 노래를 딱 한 곡만 짓는다면?

시골서 농사짓고 사는 삶이란 참 단순하다. 아니, 단조롭다. 심심하다. 외롭기도 하다. 단순함 속에 근원을 찾고, 외로움 속에서 터져 나오는 감정을 살려내어 심심함을 보약으로 삼아야 하지 않겠나.

사실 귀농한 사람 가운데 농사로 돈벌이를 제법 하는 이들도 있다. 그렇지 않은 이들도 부업을 하면서 농가경제를 어찌어찌 꾸려나간다. 하지만 농사짓는 이들이 주인이 되는 문화는 드물다. 영화를 봐도 도시 삶과 정서. 노래를 들어도 그렇다. 자급자족에서 중요한 건 경제만이 아닌, 문화나 예술을 함께 자급하는 거라고 나는 믿는다. 가슴 깊이 차오르는 느낌을 글로 쓰고, 마음에 강하게 남는 순간을 카메라로 잡아내고자 한다. 이를 틈틈이 인터넷이나 이런저런 잡지에 연재하여 세상과 나눈다.

나는 어찌하여 노래까지 만들게 되었다. 자랑거리로 하는 이야기가 아니라 생명을 보살피고 가꾸다 보면 누구나 노래를 짓는 게 가능하다는 걸 보여주기 위해 그 과정을 되짚어본다.

좌절을 넘어

나는 노래를 잘 못 부른다. 부끄러울 정도로. 음감이 떨어지고 박자, 리듬, 멜로디를 익히는 데 서투르다. 이웃들과 합창을 해보면 내가 많이 틀린다. 악기 역시 제대로 다룰 줄 아는 게 없다.

보통 때는 음악을 모르고 살아도 된다. 그런데 언제부터인가 우리 아이들 둘이 틈틈이 피아노를 두들긴다. 한 곡 한 곡 치고 나가는 맛이 좋은가 보다. 학교나 학원에서 교육을 받은 적이 거의 없는데도 음악을 즐긴다. 어쩌면 남이 이래라저래라 하지 않기에 음악을 즐기는지도 모르겠다. 부모는 음악에 대한 재능도 없고, 관심조차 적은데 아이들이 스스로 해가니 신기할 따름이다. 아마 호기심에서 시작하고, 자신이 흥이 날 때 치니까 그런 게 아닐까 싶다. 궁금함에 작은아이에게 피아노를 열심히 치는 이유를 물어보았다.

"피아노를 치다가 막히잖아요. 그럼 막힌 바로 그 부분이 가장 아름다운 게 아닐까 싶어요. 그러니까 자꾸 그 벽을 넘어보고 싶은 거지요."

이런 분위기 때문인지 아내 역시 피아노를 치기 시작했다. 앞뒤가 이러니 나만 더 외톨이가 된 듯하다. 안되겠다 싶어, 나 역시 겨울이면 어렵사리 용기를 내어 피아노 앞에 앉아 둥당거려보았다. 그 과정에서 우리 딸이 나를 많이 도와주었다.

"아빠가 좋아하는 곡을 쳐봐요. '한 곡 피아니스트'라는 말도 있잖아요?"

그 말대로 이 곡 저 곡 집적대어 보았지만 연습할수록 손은 오그라들고, 악보는 벽처럼 높았다. 역시 나는 안 되는가?

그런데 어느 해, 이번에는 좀 다르게 음악이 내게 다가왔다. 뜻하지 않게 영감을 받았다. 이웃 가운데 나이 오십이 넘어 작곡을 한 사람이 있다. 이분은 미술교사를 하다가 학교를 그만두고 농사를 지으며 틈틈이 그림을 그린다.

그러다 몇 해 전부터 기타를 손에 잡더니 자신을 음악으로 표현하기 시작. 드디어 얼마 전부터 작곡을 시작했단다. 그런데 그 동기가 재미있다.

"글만으로는 느낌을 제대로 나누기 어렵데요. 그래서 글에다가 곡을 붙이니까 한결 낫더라고요."

아하, 그런 길이 있구나! 나에게는 무척 감동스러운 이야기였다. 내 나이에 새로운 분야를 만난다는 것도 좋았지만 자신이 쓴 글에 느낌을 더하기 위해 곡을 붙인다는 생각이 참 좋았다. 나도 글을 자주 쓰는 편이니 한번 해보고 싶은 마음이 어슴푸레 들었다.

그러다가 아내가 어느 모임에서 작곡가이며 가수이기도 한 백창우 씨한테 들은 이야기를 내게 해주었다. 이 이야기 역시 작곡 초보자에게 용기를 준다. 아내가 들려준 이야기를 내 식으로 간추리면 이렇다.

"작곡은 중학교 음악교과서를 볼 정도면 된다. 우선 먼저 곡을 흥얼거린다. 어느 정도 되면 녹음을 한다. 그 녹음된 내용을 음악을 조금만 하는 사람에게 부탁해서 악보로 만든다. 장조니 단조 같은 건 고민할 필요 없다. 우선 쉬운 다장조부터 하라."

우리네 목숨이 되는 꽃이여!

자, 그럼 어디서부터 시작할까? 그렇다고 출발선이 또렷이 보이지 않는다. 나처럼 재주가 없는 사람에게는 더 특별한 뭔가가 필요하다. 이걸 하지 않고는 못 배길 정도의 마음이랄까. 그건 바로 오래도록 쌓이고 쌓여, 뭔가로 살짝만 건드려주면 터져 나오는 내 안의 느낌이겠다. 내가 살아가는 동안 결코 잊을 수 없는 순간, 묻어두고 눌러두어도 불쑥 불쑥 떠오르는 순간 말이다.

내게는 그런 순간이 언제인가? 농사를 짓다가 처음으로 벼꽃이 피는 과정을 눈으로 봤을 때다. 내 삶을 통틀어 노래를 딱 한 곡만 짓는다면? 나는 바로 이 벼꽃을 노래로 부르고 싶다.

벼꽃은 벼가 자라면서 한여름 무더위에 피는 꽃이다. 벼꽃이 뭔가. 바로 우리네 쌀이 되고 밥이 되는 꽃이다. 세상에는 꽃이 많기도 하지만 가장 소중한 꽃을 꼽으라면 나는 망설임 없이 벼꽃을 들겠다. 겉보기는 꽃 같지도 않는 꽃. 피었다가 한 시간 남짓 만에 금방 지는 꽃. 하지만 우리네 피가 되고 살이 되어, 목숨을 살려주는 꽃이 아닌가. 하여 나는 벼꽃을 '목숨꽃'이라 부른다.

사진1 11시 18분에 피기 시작. 사진2 11시 50분, 껍질을 닫는다.

목숨꽃

한여름 뜨거운 볕
푸르른 벼 잎 사이

이삭 따라 하나둘
벼꽃이 피네.

꽃잎도 없이 핀
실밥 같은 꽃술

보일 듯 말 듯
실바람에 흔들리누나.

그 꽃 하나 쌀 한 톨
꽃 한 다발 밥 한 그릇

벼꽃이 피네
목숨꽃이 피누나.

 이 시는 어린이신문 〈굴렁쇠〉에 실렸다. 내가 노래를 만들어보겠다고 마음먹은 순간, 가장 먼저 끌린 시다.
 '벼꽃'에 느낌을 살려 흥얼거리기 시작했다. 그렇게 하다가 나름 괜찮다고 생각되면 녹음을 했다. 시를 가지고 이렇게 노래로 짓다 보니 시도 다시 고치게 된다. 흥얼거리다가 곡도 다시 고치고. 어떨 때는 머릿속에 온통 곡만 들어가 있기도 했다. 일하다가는 물론이요, 밤에 자려고 누웠다가도 내 마음에 드는 멜로디가 떠오르면 벌떡 일어나 메모를 하고 녹음을 하곤 했다. 일주일 정도 걸려 어느 정도 녹음이 되자, 딸에게 악보를 그려달라 했다.

  딸이 해준 악보를 보는 순간, 감동이다. 전문가가 볼 때는 어설프기 짝이 없겠지만 나로서는 기쁘다. 이제 이것을 토대로 틈틈이 피아노를 아기가 걸음마 배우듯 둥당거리면서 다시 곡을 다듬는다.

  내 선에서 어느 정도 되었다고 생각이 들자, 이제는 틈만 나면 이웃들 앞에서 발표도 하고, 도움말을 듣고 또 다듬는다. 남이 작곡한 노래를 듣거나 부르기만 하다가 스스로 곡을 만들고 다듬는 과정이 즐겁기만 하다. 또 음치(音癡)에 가까운 내가 이렇게 달라질 수 있다는 사실이 스스로 생각해보아도 놀랍고, 신기하다.

  글쓰기가 자기 삶을 가꾸듯이 노래도 그러한 거 같다. 지금도 나는 '벼꽃'을 가끔 부르면서 자신을 추스른다. 누군가에게 좋지 않는 말을 내가 했거나 들었을 때, 보지 않으면 더 좋았을 걸 보았을 때, 먹지 않아도 될 것들을 먹었을 때……. 그럴 때면 이 노래를 부르면서 자신을 돌아보곤 한다.

사진3 '목숨꽃' 악보

논두렁 산책,
나만의 올레길

벼농사는 밭농사에 견주어 일이 많지 않다. 왕우렁이로 풀을 잡으니 예전처럼 김매는 고단함이 사라졌다. 게다가 직파 재배는 못자리에서 모를 키우고 돌보고 더 나아가 모내기하는 과정조차 다 건너뛴다. 그러니 할 일이 더 적다.

허리 휘게 모내기 하고, 뜨거운 햇살 아래 김매기 하던 시절에 견주어 삶이 여유롭다. 때문에 크게 욕심을 내지 않으면 그 여유를 살려, 새로운 걸 보고 즐길 수 있는 눈을 가질 수 있다. 논에서 크게 해야 할 일이 없더라도 하루에 한 번 논을 둘러본다. 봄 새벽은 생명들이 깨어나는 시간이다. 짝을 찾는 새소리가 정신을 맑게 한다. 논두렁을 거닐면서 듣는 새소리는 자연이 들려주는 음악이다.

논물을 보고, 논두렁을 살핀다. 논두렁에 두더지 구멍이 난 걸 메운다. 볍씨를 직파할 날이 다가오면 소나무 꽃가루인 송홧가루가 엄청 날린다. 논물에도 노랗게 가루가 내려, 바람 따라 논 한 귀퉁이에 모여 기하학적인 무늬를 이룬다.

사진1 논물에 떨어져 생긴, 송홧가루의 기하학적인 문양

　직파를 하고 나서 날마다 달라지는 벼를 보는 재미. 마치 자식새끼가 무럭무럭 자라는 걸 보는 맛이다. 벼가 어릴 때는 물바구미한테 시달리는 모습에 가슴이 아려오기도 하지만, 이 또한 벼가 한해살이 과정에서 겪어야 하는 숙명이려니 받아들인다. 이 지구상에 살아가는 한, 먹고 먹히는 과정에서 어느 정도 스트레스는 누구나 겪게 마련.

　벼가 자라면서 가지치기하는 모습에서 또 다른 나와 만난다. 벼는 자신이 처음 떨어진 그 한자리에서 한 해 삶을 마감한다. 어디 가고 싶어도 갈수가 없다. 하지만 벼는 포기마다 자기 개성대로 주어진 공간을 최대한 활용하여 자란다. 뿌리를 뻗고 가지를 뻗는다. 부챗살처럼 쫙 펴진 모습으로 자신의 생명활동을 극대화한다. 그 당당함, 그 자유로움!

　자신에게 다가오는 시련을 피할 수도 없이, 한곳에서 자라면서도 어찌 그리 당당하고도 자유로울 수 있을까. 어쩌다 사람한테 실망하

사진2 한 자리에서 자라서 삶을 마감하는 벼

거나 상처받은 날은 논두렁을 더 오래 거닌다. 벼는 그런 나를 받아주고 품어준다. 말없이.

사실 마음에 난 상처는 말보다 시간이 해결해주는 경우가 더 많지 않나. 잘못된 말은 상처를 덧나게도 한다. 그런 점에서 벼는 침묵으로 그 누구보다 내게 더 많은 치유 에너지를 준다. 쌀과 밥으로만 사람을 살리는 게 아니라 이렇게 성장 과정 자체에서도 에너지를 주니 말이다.

어릴 때 시련을 딛고 벼는 햇살과 바람 그리고 물을 이용해서 부쩍부쩍 자란다. 한 뼘 정도 벼가 자라고부터는 바람에 흔들리는 모습은 반갑다고 내게 인사하는 모습으로 비친다. 수천수만 포기 벼가 손을 흔든다. 나 역시 논두렁에 멈추어서 같이 손을 흔든다. 우리 같이 잘 살아보자고.

뭔가가 속에서 풀리지 않고 꼬인 날은 논두렁에서 앉아 오래도록 있곤 한다. 가끔은 논두렁 풀을 베다가 하염없이 하늘을 보곤 한다.

한여름 논두렁에 쪼그리고 앉아 풀을 벨 때는 수행에 가깝다. 이때는 논두렁길이 순례길이다. 오체투지에 가깝다. 쪼그리고 한 걸음 나아가는 데 1분 남짓, 등짝으로 내리는 뜨거운 햇살과 땅에서 올라오는 열기로 온몸이 후끈거린다.

하지만 이 순례를 다르게 보면 사우나다. 돈 들이지 않고, 좁은 곳이 아닌 탁 트인 것에서 하는 자연 사우나. 콧잔등, 입 언저리에서부터 땀이 난다. 목덜미로 흐른다. 가슴골에도 땀이 차면서 아래로 흐른다. 흘러서 어디로 가는가? 나중에는 등짝까지 흥건하게 젖는다. 근데 기분이 묘하다. 뭔가 몸속 찌꺼기가 몸 밖으로 빠지는 느낌. 이렇게 한 시간 정도 땀을 흘리고 집으로 와, 샤워를 하면 세상이 다르게 보인다.

벼 잎이 무성하다 싶으면 실잠자리가 짝짓기 하는 모습을 곧잘 보게 된다. 암수 두 마리가 하트 모양을 이룬다. 거침없는 이들 사랑에 기꺼이 박수를 보낸다.

사진3 실잠자리 짝짓기

벼꽃이 필 무렵 논은 장관을 이룬다. 수만 송이 벼꽃이 앞다투어 핀다. 이른 아침 벼 잎 끝마다 이슬이 방울방울 맺혀 지난밤 벼들이 어찌 지냈는지를 조곤조곤 말해준다. 쪼그리고 앉아 벼가 들려주는 이야기를 듣는다. 안개라도 자욱한 날이면 벼와 나는 더 가까워진다.

벼꽃이 지고 나면서부터는 조금씩 굵어지는 낟알 속 즙을 빨아 먹자고 노린재를 비롯하여 이런저런 벌레들이 나타난다. 그럼 보란 듯이 먹이사슬에 따라 거미가 벼 잎마다 그물로 진을 친다. 새벽에 거미줄과 거미등짝에 맺힌 이슬방울은 그 어디에서도 보기 어려운 장관을 이룬다. 쉼 없는 생명활동이다.

논두렁에서는 일출도 좋지만 나는 일몰을 더 좋아한다. 산 그림자 드리우면서 서서히 해가 진다. 벼 이삭 사이로 지는 해를 본다. 이제 곧 이 땅의 모든 생명들이 하루를 열심히 살게 해준 뜨거운 햇살의 휴식이다.

가끔은 휘영청 보름달이 밝을 때면 벼가 궁금하다. 온갖 풀벌레

사진4 음력 7월 15일 백중의 휘영청 밝은 달

소리 속, 말없이 자라는 벼가 듬직하다. 깜깜한 밤이라도 손전등 없이 가끔 논두렁을 거닌다. 늘 보던 벼지만 어둠 속 벼가 주는 느낌은 새롭다.

살다 보면 혼자 있고 싶을 때가 있다. 그럴 때 일없이 그냥 논두렁을 거닌다. 논두렁 산책은 더 없이 좋은 올레 길이 된다. 논두렁길을 따라 천천히 걷는 맛이 좋다. 적당히 운동도 되고, 기분 전환도 된다.

가끔은 논두렁에서 달리기를 한다. 시간이 없을 때 뛰기도 하지만 그냥 뛰고 싶을 때 뛴다. 논두렁길은 좁다. 폭이 넓어야 30센티미터 정도다. 한 발 한 발 집중하지 않으면 발을 헛디뎌 쓰려진다. 우리 논두렁 길이를 다 합쳐봐야 400미터 남짓. 그나마 윗논에서 아랫논으로 넘어갈 때는 경사도 때문에 계속 뛰기는 어렵다. 그냥 뛰고 싶은 곳을 뛰고 싶은 만큼 뛴다.

언제 많이 뛰었나? 돌아보면 아마도 벼가 누렇게 익어갈 때인 거 같다. 벼가 하루하루 자라는 속도는 무척 더디다. 하지만 한 해 농사를 돌아보면 엄청 빨리 자라, 어느새 열매를 맺는다. 논에서 벼가 자라는 기간은 다섯 달 남짓. 그 다섯 달이 하루 같다. 세월의 빠름을 느끼며 논두렁을 달린다.

이렇게 논두렁은 내게 올레길이다. 천천히 때로는 빠르게, 나 자신을 돌아보고 쉬고 치유하는 길. 어쩌다 한 번 크게 마음먹어야 걸을 수 있는 관광지 올레길이 아닌 일상의 올레길. 누구 눈치 볼 것 없이, 특별한 준비도 없이 마음만 먹으면 언제든 걷고 뛸 수 있는 나만의 길.

다양성을 지켜가는 토종 벼 이야기
(흙살림 토종연구소 윤성희 소장님 인터뷰)

벼꽃이 한창 피는 8월, 〈흙살림〉에서 운영하는 토종 벼 논을 다녀왔다. 수십 가지 토종 벼들이 벼꽃을 피우고 있었다. 키도 다양하고, 빛깔도 알록달록하다. 먼저 이삭이 팬 벼는 고개를 숙인다. 까락이 기다란 벼도 많다. 일반 논에서는 보기 드문 풍경이다. 그야말로 논 정원이라고 해도 될 정도다. 논을 한 바퀴 둘러보고 나서 윤 소장님 이야기를 들어보았다.

사진1 꽃밭 같은 토종 벼들

'흙살림 토종 연구소'에서 심고 가꾸는 벼 재배 역사와 현황을 대략 이야기해주신다면?

〈흙살림〉에서는 2005년부터 토종 연구를 시작했어요. 처음에는 400여 종을 심고 관리했어요. 근데 다 관리하는 게 어렵기도 하고, 필요성도 적어 지금은 특징적인 걸로 많이 선별 정리했어요. 올해는 24종을 관리하고 있습니다.

벼꽃이 피는 현장을 와 보니, 참 새롭네요. 토종의 특징을 직접 말해주신다면 어떤 게 있을까요?

요즘 재배되는 품종보다 종류가 훨씬 다양하지요. 우선 눈에 띄는 특징이라면 이삭 색깔이 다양하고요, 수염(까락)이 긴 게 많아요. 게다가 수염 색깔까지 다양하여 토종 벼 이삭이 팰 무렵이면 논이 꽃밭처럼 아름답게 바뀌어요. 저희 토종 벼를 심은 논에 와 보면 아시겠지만 하얀색, 검은색도 있고, 비단색깔 나는 것도 있으며, 알록달록한 색도 있어요.

사진2 까락이 아름다운 맥도

사진3 대추빛깔 대추찰

겨울_자신을 들여다보는 거울 291

사진4 산도는 키가 거의 140센티미터

토종 벼 품종들은 키가 큰 것도 큰 특징입니다. 그 이유로는 조상들이 볏짚을 생활 속에서 많이 이용했기 때문이라고 볼 수 있어요. 키가 커야 농작업 필수품인 새끼줄을 꼬는 데 유리하며, 각종 곡물을 담아두기 위해 사용하는 가마니를 만들기도 좋고, 대부분 초가지붕이었던 시대에는 지붕을 엮는 데도 이로웠죠. 키가 클 필요가 있었을 겁니다.(실제 논에서 벼 크기를 자로 재어보니 다다조는 얼추 130센티미터, 산도는 140센티미터에 이르렀다.)

또 하나 특징이라면 거름이 그리 크게 필요하지 않다는 거예요. 예전에는 다들 화학비료가 나오기 전에 재배해왔기 때문에 내비성이 많이 떨어지지요. 괴산에서 시험재배 농가들도 대부분 거름을 넣지 않고 재배했어요. 물론 수확량은 좀 떨어지지요.

논을 둘러보니 지금이 8월 중순인데 벌써 다 익어가는 벼가 있더라고요. 저희도 추운 지방에 살아 조생종을 하지만 이렇게나 빨리 익

는 벼는 처음 봅니다.

그 벼를 황토조라고 해요. 가장 빨리 익는 벼지요. 울진이 고향이라고 해요. 거기서도 아마 깊은 산골짜기에서 재배되지 않았을까 생각합니다. 심지어 이 벼를 조금 이르게 심고 8월 중순에 베면 밑동에서 다시 싹이 나와서 10월 중하순에 2차 수확도 가능해요.

또한 황토조는 아주 늦게, 그러니까 7월 중순에 심어도 수확이 가능한 특성을 보이기도 합니다. 대신에 가지치기를 많이 못 하고 이삭당 달리는 낟알 수도 적어 전체적으로 수량은 많이 떨어지지요. 그렇지만 평균기온이 낮고 서리가 빨리 내리는 지역이 보리 등 앞작물을 심는 이모작 지역에서 심을 수 있고 추석 전에 수확하기 위해서 심기도 했거든요.

이야기를 듣다 보니 '여기서 왜 토종인가?'를 다시 묻고 싶은데요. 농촌진흥청에서 하는 일과는 다를 텐데.

저희는 농촌진흥청과는 달라요. 육종이라고 보기는 어렵지요. 우

사진5 황토조 익어 벨 때가 되었는데, 그 아래는 새로이 벼꽃이 핀다.

선은 있는 그대로를 심으려고 하는 게 저희 목표예요. 좋은 거만 심으면 토종이 사라지는 거예요. 쉽게 이야기하자면 다양성이 사라지는 거지요.

토종은 조상으로부터 물려받은 자원이니까, 살려가야 한다고 봐요. 맛있으면 있는 대로 없으면 없는 대로, 병에 강하면 강한 대로, 약하면 약한 대로.

결국에는 국민들 몫이에요. 국민이 선택을 하면 계속되리라 봐요. 보존사업을 넘어, 이게 활용이 안 되면 의미가 없는 거지요.

요즘 보급하는 장려품종이 워낙 좋으니까 갈수록 토종이 사라져요. 보급종이 병에도 강하지, 지금 입맛에 맞아. 모든 게 다 좋아요. 수량도 좋아. 토종은 그런 흐름을 못 따라가요. 키 크지, 바람 불면 쓰러지지, 까락 길지……. 까락 길면 탈망기 같은 기구를 따로 마련해야지. 많은 단점이 있어요.

그럼에도 토종이 다양한 만큼 다양한 가치를 발견하고 이 벼를 재배하는 농가도 있고, 소비하는 국민도 있어야 해요. 큰 규모로 할 거야 없겠지만, 어느 정도 소비가 받쳐주면 토종으로 장사하는 사람도 있을 테고, 그래야 가공이나 연구하는 사람도 계속 필요할 게 아니에요.

지난 몇 해를 돌아보면 가치가 새롭게 발견되는 부분이 있습니까?

이제 시작이라 앞으로 발견해야 해요. 토종이 가치가 있는가, 없는가를 깊이 고민하지 않고, 수량이라는 한 가지 조건에 의해서면 벼를 선택했단 말이에요.

배고픈 시절에는 선택의 여지가 없어요. 수량이 최우선이잖아요. 그래서 나왔던 게 통일벼 품종으로 갔지요. 지금 시대는 밥맛이 우선이에요.

나중에는 기능성 시대로 바뀔 겁니다. 이를테면 '건강 쌀'이라는 개념이 나와요. 이젠 배부르고 먹고살 만하니까. 밥맛도 별로예요. 건강 찾아요. 가치가 달라지잖아요? 흑미를 왜 먹어요? 맛도 없는데. 건강에 좋으니까 먹는 거예요. 주식으로 먹는 게 아니거든요.

그런 기능성 시대로 갈수록 우리 토종 가운데서 가능성이 충분히 나올 수 있다고 봐요. 우리가 검증을 안 했거나 안 밝혀졌거나 모르는 장점들이 있으리라 봐요.

그럼에도 나누고 싶은 성과가 있다면?

성과라고 하기는 뭐하지만 오래도록 냉동고에 보관했던 우리 토종 씨앗을 지금 여기 논에다가 되살려내고 그동안 나름대로 선별해 온 거라 봐야겠지요. 그리고 그 사이 사회적인 인식도 조금씩 나아지는 부분은 있어요. 2013년에 '흙살림토종연구소'는 서울 노들섬에 토종논과 토종밭을 조성했어요. 토종연구소를 방문하던 분들만 감상할 수 있었던 것을 서울 시민과도 토종의 아름다움을 함께할 수 있게 되어 반갑더라고요.

그런데 긴 안목으로 보자면 아직은 원점이라고 생각해요. 이것이 소비로 이어지고 또 생산으로 이어지는 순환관계가 생겼으면 좋겠는데. 고리다운 고리가 아직 안 만들어져요. 작년에 10톤가량 생산했는데 이게 다 안 팔려요. 가격이 비싸니까.

그리고 한 번 먹은 사람들이 다시 찾아야 하는데 재구매율이 낮아요. 지금 사람들 입맛이 부드러운 맛에만 너무 길들여졌어요.

그런데 제 느낌이긴 하지만 현미 품질은 토종이 좋은 거 같아요. 그래서 주로 현미로 팔았어요. 토종 벼 백미는 맛이 확 떨어지거든요. 제가 생각할 때 옛날에는 다들 현미로 먹었다고 봐요. 백미는 양반들이나 먹지. 대부분 절구에 찧어 그냥 먹었을 거란 말이에요.

하지만 요즘 장려 품종들은 백미 품질은 좋은데, 현미 품질은 그리 좋은 거 같지 않아요. 시장에서 품질을 가릴 때는 다 백미 기준이란 말이에요. 육종 방향도 백미 맛을 기준으로 삼아왔을 테고.

최근 들어 현미가 건강에 좋다는 게 차츰 알려지잖아요. 앞으로 언젠가는 현미를 다 먹을 거란 말이에요. 섞어 먹든, 많이 먹든 하게 될 텐데. 그렇게 가면 현미 기준도 새로 생길 거란 말이에요. 제 느낌이긴 하지만 시중 현미는 딱딱하고 질겨요. 여기에 견주어 토종 현미는 좀 더 부드러운 거 같아요.

추천해줄 만한 씨앗이 있나요?

메벼로는 조동지, 찰벼로는 돼지찰벼가 해볼 만해요.

쌀 소비가 점점 줄고 있고, 들판 같은 곳은 벼농사보다는 돈이 되는 농사 쪽으로 바뀌어가고 있잖아요. 농업 위기를 자주 느끼게 되는데, 그런 점에서 씨앗은 농사 가운데서도 가장 근본이라 할 만한데 앞으로 토종 벼를 전망해본다면 어떨까요?

가만 생각해보면 토종은 천연기념물적인 가치가 있어요. 사라지면 안 되니까. 결국은 소비자들이 결정할 일이에요. 그리고 이런 쪽에 관심이 있는 귀농자들이나 의식 있는 농민들이 재배를 하면서 가치를 같이 만들어가야 해요. 그렇다고 보편화되기는 힘들 거 같고. 다만 전체 벼농사에서 1%, 아니 0.1%라도 토종 벼 재배가 이루어지면 좋겠어요.

마무리 이야기 한마디 해주시지요.

토종 자체로는 종자업으로서 가능성이 없어요. 농가에서 자가채종이 가능하기 때문에.

근데 일반 시판 종자는 다들 사서 쓰잖아요? 채종해서 다시 심어봐야 다른 종자가 돼요. 처음 같은 수량과 맛이 안 나오니까 계속 종자를 사서 쓰게 되어 있어요. 이렇게 해야 종자업이 유지가 돼요.

그런데 종자를 좋은 거 하나 개발해봐야 맨 가져가기만 하고 개발한 사람한테 아무것도 안 돌아오면 누가 하겠어요. 외국 같은 데서는

사진6 씨앗을 소개해주는 윤성희 흙살림토종연구소장

농민이 부자면 로열티를 내요. 정부가 육종한 건 로열티를 안 내지만 개인이나 단체(업체)가 육종한 건 로열티를 내요. 자기 소득에 1%를 낸다거나 하거든요. 그래야 씨앗을 보존하고 연구할 기반을 마련할 수가 있지요.

남대문은 사라져도 복원이 되지만 종자는 잃어버리면 복원이 안 되거든요.

그렇다. 벼가 우리 밥상의 근본이라면 우리나라에서 수백 수천 년을 이어온 토종 벼는 그 근본에서도 으뜸이라 하겠다. 토종 벼는 우리 모두가 지켜야 할 소중한 자산. 또 하나의 우리 생명이다.

야생 벼, 그 강인한 생명력

직파를 하면서 새롭게 공부를 하게 된 게 야생 벼다. 직파는 자연으로 더 가까이 가는 단계일 뿐, 야생과는 여전히 거리가 멀다. 벼를 제대로 알자면 근본인 야생 벼를 알아야 하리라. 우리나라에는 야생 벼가 없다. 벼의 원산지로 가야 한다. 아쉽지만 책이나 자료를 통해 배우는 수밖에. 하지만 그것만 해도 우리네 삶을 그 근본에서 다시 돌아볼 수 있기에 이 장에서는 그 일부를 정리한다.

딴꽃가루받이로 급변하는 환경에 적응

먼저 그 강인한 생명력에 혀를 내두르게 된다. 야생 벼는 꽃가루받이부터 재배 벼와 크게 다르다. 재배 벼는 대부분 제꽃가루받이을 한다. 벼 껍질이 열리면서 꽃가루를 자기 암술머리에 뿌린다. 벌이나 바람에 의해 어쩌다 딴꽃가루받이를 하기도 하지만 아주 예외로 연구에 따르면 0.5% 남짓.

여기 견주어 야생 벼는 딴꽃가루받이가 기본이다. 구조 자체부터 그렇다. 재배 벼는 암술이 껍질 깊숙한 곳에 웅크리듯이 감추어 있다. 껍질이 잔뜩 벌어졌을 때 잘 들여다보아야 겨우 보인다. 여기 견주어 야생 벼 암술은 껍질 밖으로 나와 있단다. 암술머리가 재배 벼에 견주어 긴 거다. 딴꽃가루받이를 잘하도록.

야생은 환경이 급변하여 예측하기 어렵다. 가뭄이 길어질 수도 있고, 홍수나 사태를 만날 수도 있으며, 짐승의 먹이가 되기도 한다. 딴꽃가루받이는 유전적인 다양성을 가질 수 있기에 환경 변화에 능동적으로 대처할 수 있게 해준다.

야생 벼는 꽃가루 수명도 재배 벼에 견주어 길고, 꽃가루 양도 아주 많단다. 벼꽃 한 송이에는 여섯 개 꽃밥이 있는데 그 하나에 꽃가루가 재배 벼는 2,000여 개라면 야생 벼는 4,000~9,000개까지 다양하단다. 꽃가루 수명도, 재배 벼도 길단다.

그러니 야생 벼는 바람과 벌에 의해 딴꽃가루받이를 쉽게 할 수 있으리라. 사람의 손길을 타야 종자를 이어갈 수 있는 재배 벼하고는 다를 밖에.

까락, 앞으로 앞으로!

수정이 되고 나서 씨앗이 영그는 모습에서도 야생 벼는 재배 벼와 크게 다르다. 당장 눈에 띄는 모습이 까락. 까락은 벼 껍질에서 바늘처럼 길게 나와 있는 기관으로 야생에서 살아남는 데 무척 소중한 부분이다. 밀이나 보리에는 이 까락이 지금도 길게 남아 있어 그 역할을 제대로 하고 있으며, 우리 토종 벼 가운데 까락이 남아 있는 벼

사진1 **토종 벼는 까락 있는 품종이 많다.**

가 있다.

까락은 왜 있을까?

첫째는 씨앗 보호. 다른 짐승들이 함부로 못 먹게 한다. 나락이 영글면 들짐승의 먹이가 되기 쉬운데 까락이 있으면 목구멍에 걸려 먹기가 힘들다. 까락에는 작은 톱니처럼 생긴 강모가 촘촘하게 나 있다. 그리고 그 방향이 볍씨가 땅으로 잘 박히게끔 되어 있다. 화살을 생각하면 쉽다. 앞에 화살촉이 볍씨라면 뒤로 길게 나와 있는 화살대가 까락이며 화살이 곧장 앞으로 가게 하는 깃이 강모다.

그런데 야생 벼 강모는 화살과 견줄 수 없이 빼곡하다. 기다란 까락 전체에서 강모가 촘촘하니까 말이다. 이를 자세히 보노라면 오직 앞으로 가는 것만이 살 길이라는 걸 느끼게 해준다. 앞으로 나아가다가 뒤로 빠진다는 건 구조 자체가 결코 용납을 하지 않는다. 그야말로 '오직 진군!' 다음 생명을 위해 앞으로! 앞으로!

만일 짐승이 까락이 있는 나락을 어설프게 먹으려고 했다가는 까

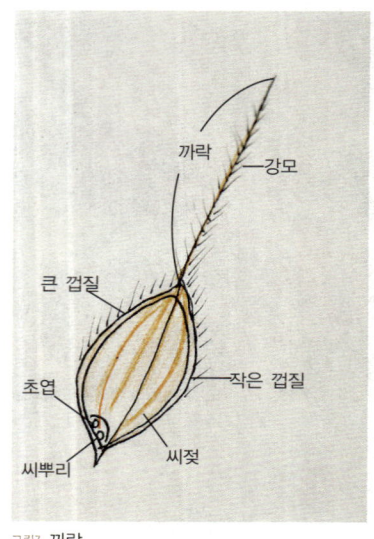

그림7 까락

락은 자신이 지닌 고유한 물리적인 운동을 한다. 짐승이 나락을 씹으려고 입을 한 번 벌렸다 오므리는 순간 그만큼 강모에 의해 나락이 목구멍 안으로 들어간다. 몇 알은 이빨에 의해 으스러지긴 하겠지만, 대부분은 짐승의 의도와 상관없이 나락이 지닌 물리적인 운동으로 '앞으로' 나아간다. 짐승이 잘못 먹었다고 아차 하며 뉘우쳐봐야 늦었다. 입을 벌리고 토해내려고 하면 할수록 나락은 자꾸 속으로 들어가게 된다. 이 과정에서 짐승은 고통을 느끼게 되고 앞으로는 섣불리 먹으려고 하지 않게 된다.

까락의 두 번째 역할은 씨앗을 멀리 보내는 것. 야생의 볍씨는 오직 자신들의 힘으로 씨앗을 퍼뜨려야 한다. 씨앗들이 흩어지지 못하고 어미가 자라던 곳에 다시 옹기종기 모여 있으면 과도한 경쟁으로 허약하게 되기 쉽다. 이때 까락은 민들레 씨앗에서 쉽게 볼 수 있듯이 갓털 역할을 한다. 바람의 힘을 받아 씨앗을 적당한 거리로 보낸다.

다만 바람의 힘은 한계가 있다. 아무리 센 바람이 불더라도 씨앗 무게 때문에 1미터 남짓 날아갈 뿐이다. 바람보다 더 좋은 수단은 짐승 털에 묻어가는 것. 작고 날카로운 가시가 촘촘하기에 다 익은 나락은 짐승 털에 잘 달라붙는다. 짐승은 이동 거리가 적지 않다. 따라서 볍씨를 한층 멀리 퍼트릴 수 있다.

까락의 마지막 역할은 씨앗이 땅에 잘 묻히도록 돕는다. 볍씨를 자세히 보면 아주 자그마한 달걀 모양이다. 이 가운데 싹이 나는 부분인 씨눈이 씨앗 끝에 있다. 까락은 그 반대편으로 길게 나 있다.

나락이 익어 어미에서 분리가 되고 땅으로 떨어질 때 까락은 중요한 역할을 한다. 까락에 의해 곧장 땅으로 박히게 되며 땅에 먼저 닿는 지점이 씨눈 부위다. 즉 나중에 싹이 잘 틀 수 있는 조건을 스스로 만드는 셈이다.

이렇게 땅으로 떨어진 볍씨는 앞에서 설명한 물리적인 운동을 계속한다. 바람이 불거나 물결이 출렁일 때마다 조금씩 땅으로 파고든다. 만일 뿌리라도 내렸다면 뿌리가 뻗는 힘에 의해 씨앗은 조금이라도 더 땅으로 들어가게 된다. 이렇게 해서 사람의 손을 타지 않더라도 벼는 스스로를 더 깊게 심는다.

까락의 역할이 이렇게 많지만 벼를 재배하고자 하는 농부 처지에서는 까락은 보통 성가신 존재가 아니다. 우선 나락을 다루기가 어렵다. 앞에서 설명한 대로 사람 옷이나 장갑에 곧잘 엉겨 잘 떨어지지 않는다. 가을걷이를 해서 한곳에 나락을 모아보면 긴 가락끼리 서로 엉겨서 방아를 찧기도 어렵다. 탈망기란 기계에다가 넣어서 까락을 제거해야 하는 번거로움이 따른다. 오랜 세월, 선별과 육종을 거치면서 요즘 벼는 이 까락이 사라지거나 그 일부만 남게 되었다.

때가 올 때까지 기다리는 인내력

야생 벼는 휴면성도 강하다고 한다. 휴면이란 씨앗이 아무 때나 싹이 트지 않고 잠을 자는 걸 말한다. 오늘날 재배 벼는 적당한 온도와 수

분만 갖추어지면 아무 때나 싹이 난다. 이를테면 벼가 익을 무렵, 태풍이 닥쳐 벼가 쓰러지면 물에 닿은 낟알은 그 상태로 며칠 지나면 싹이 난다. 그러니까 휴면성을 거의 잃어버렸다.

여기 견주어 야생 벼는 쉽사리 싹이 트지 않는다. 저절로 땅에 떨어진 다음 비가 오더라도 쉽게 싹이 나지 않는다. 싹을 낼 경우는 다시 한해살이를 잘할 수 있을지를 종자 스스로 판단한다고 할까. 물이 부족하거나 산소가 불충분하다거나 온도가 너무 낮다고 판단하면 오래도록 휴면을 하면서 때를 기다린다.

이렇게 발아 시기가 다양할수록 그 종이 지닌 환경 적응력이 높다고 하겠다. 한꺼번에 싹이 났다가 가뭄이 닥치거나 예상치 못한 병해충이라도 들면 종 자체가 사라지고 말 테니까. 자연의 씨앗은 한 번 사라지면 다시 태어나기는 영원히 불가능하리라.

여러해살이에다가 영양번식을 하기도

이 외에도 야생 벼는 재배 벼에서는 상상할 수 없을 만큼 다양한 방식으로 번식한다. 원산지에서는 한해살이도 있지만, 여러해살이도 있단다. 여러해살이는 지상부는 말라 죽지만 땅속은 살아남아 그 이듬해 다시 싹을 낸다. 또한 갈대처럼 어미로부터 떨어져나와 새로운 개체로 자라는 영양번식을 하기도 한단다.

위로 곧게 서는 녀석도 있지만 땅 위를 기는 녀석도 있다. 강 하구에는 물이 불어나면 물 위에 뜨다시피 길게 자라다가 물이 빠지면 이삭이 패는 부도라는 야생 벼도 있다. 이 부도는 농촌진흥청 종자은행에 가면 높은 홀에 샘플이 걸려 있는데 길이가 어른 키를 훌쩍

넘는다.

그 밖에 야생 벼 특징으로는 낟알이 작고 가볍다. 수량은 적다. 무엇보다 익으면 이삭에서 잘 떨어진다. 한꺼번에 떨어지는 게 아니라 벼꽃이 핀 순서대로 차례차례 떨어진다. 여기 견주어 재배 벼는 다 익어도 저 스스로 낟알이 떨어지지 않는다. 콤바인이라는 엄청난 물리적 기계가 고속으로 나락을 훑지만 그래도 다 떨어지지 않는 이삭이 있을 정도다.

다마금이라는 까락이 긴 벼를 두 해쯤 농사지은 적이 있다. 이 품종 역시 나락이 익으면 먼저 익는 순서대로 저절로 땅에 떨어졌다. 나는 전체가 충실하게 영글도록 기다릴 수가 없다. 먼저 익은 낟알이 하나둘 떨어지기 시작하면 부랴부랴 벨 수밖에. 어쩌면 이럴 때는 채집 농사가 더 적격이라 하겠다.

사진2 다마금 까락

베트남 메콩강 하류에는 지금도 야생 벼가 자란다. 이 벼를 농부가 배를 저어가며 거두어들이는 동영상이 있는데, 베트남에서 일하던 내 후배가 구해주어서 보았다. 좁은 배에 한 사람은 노를 저어 나아가고, 다른 사람은 긴 장대로 야생 벼를 탁탁 친다. 그럼 잘 익은 낟알이 배 밑바닥으로 떨어진다. 이곳에서는 불과 몇 십 년 전까지만 해도 이렇게 채집으로 야생 벼를 거두어 구황작물로 먹었다고 한다. 야생 벼로 밥을 짓자면 한결 더 시간이 걸린단다. 하지만 오늘날에는 식량으로 먹는 경우는 드물다고 한다. 그보다는 벼 육종을 위한 유전자원으로 가치가 높아지는 편이다.

만일 벼도 생각을 한다면 궁금하다. 헬기로 볍씨를 뿌리고, 콤바인으로 거두어들이는 현대식 벼농사를 본다면 야생 벼가 본다면 무슨 생각을 할까.

얼마나 지어야
자급자족이 가능할까?

농사를 얼마나 지어야 자급자족이 가능할까? 처음 귀농했을 때 한동안 내 고민거리였다. 정농회에 가입하고 선배들 이야기를 이리저리 귀동냥하니 사람마다 달랐다. 그럴 수밖에. 자급자족에 대한 개념이 다 달랐다. 먹을거리를 중심에 두는 사람이 있고, 돈을 중심에 놓는 사람이 있어 사람마다 지향하는 가치에 따라 많이 달랐다. 비록 자급하는 정도가 비슷하더라도 자족을 하는지, 불만인지는 매우 주관적이라는 것도 알았다.

그럼, 내 기준은 무엇이고 구체적으로 몇 평 정도가 적당할까? 당시 나는 내가 자랐던 농경 사회를 마음에 두고 있었다. 농사로 먹고 살고, 돈은 최소한의 생활비를 벌면 되지 않겠나. 그리고 이 농사는 기계를 되도록 적게 쓰고 몸을 많이 움직이는 걸 전제로 한다. 또한 땅을 마련할 돈도 큰 과제였다. 이렇게 앞뒤를 다 따져보고 또 정농 선배들 가운데 롤 모델이다 싶은 분의 농사 규모를 알고 나서, 내가 내린 결론은 대략 2,000평 남짓이었다.

하지만 농사를 지어보니 규모가 얼마인가는 그리 중요하지 않다. 말하자면 경영의 문제다. 투자 대비 수익을 따지게 된다. 트랙터나 콤바인 같은 농기계가 다 있다면 만평 단위 농사가 어렵지 않을 것이다. 반면에 기계를 안 쓰고 무경운으로 농사를 짓겠다면 1,000평도 결코 적은 규모가 아니다. 또한 순수하게 가족농으로만 할 것인가, 아니면 필요에 따라 품을 얼마나 쓰느냐에 따라서도 천차만별이 된다.

아무튼 땅을 마련한 다음 농사를 짓고 남는 농산물을 직거래로 팔았다. 아름아름 지인들한테 팔기도 했고, 생협에다가 계약 재배로 납품도 했다. 우리 가족이 쓸 최소한의 생활비라는 것도 사실 일정하지 않았다. 소비에 익숙한 삶을 살아왔기에 농사에 맞추어 소비패턴을 바꾸는 것도 쉽지 않았다. 팔 것들을 제대로 다 나누지 못해 한 해를 보내고 나면 벌레가 먹거나 짐승들 먹이로 나가는 것들이 적지 않았다. 그 과정에서 비록 자급은 안 되지만 자족하는 길이 다양하게 있다는 걸 알게 되었다. 점차 자급보다 자족에 무게 중심이 쏠린다.

누구나 할 수 있는 무경운 논농사

자족을 위해 다양한 실험을 하게 되었다. 그 가운데 하나가 되도록 기계로 땅을 갈지 않는 무경운 농사였다. 처음에는 밭 50평으로 무경운을 시작하여 점차 늘려갔다. 그다음 해에는 200평. 또 그다음 해에는 500평.

점차 자신이 생겨 논도 해보자 했다. 산골이라 한 다랑이 150평 정도 논이라면 쌀 두 가마니 정도 나온다. 그렇다면 이 한 다랑이를 노후 보험이라 여기고 무경운으로 해보았다. 나중에 기계를 다룰 힘조차 없다는 걸 전제로 말이다. 내가 이렇게 마음먹은 데는 가와구치 요시카즈가 지은 『신비한 밭에 서서』라는 책의 영향도 컸다.

▶준비 단계

가을걷이를 한 뒤 볏짚이랑 왕겨 따위를 골고루 논에 깐다. 유기물이 햇살과 비에 삭는다. 쌀겨는 봄, 논에 물을 대기 전에 뿌린다. 안 그러면 비둘기나 꿩이 많이 날아온다.

산골이라 무경운 논은 물관리가 어렵다. 로타리와 써레질을 하지 않기에 논두렁은 물론 논바닥으로 물이 쉽게 빠져나가 물을 가두기가 어렵다. 그래서 조금 힘이 들지만 기본 준비를 해둔다.

먼저, 물을 쉽게 넣을 수 있게 논 사방을 돌아가며 배수로를 판다. 폭 5미터 단위로. 이 과정이 힘들지만 한 번만 해두면 그다음부터는 그리 힘들지 않다.

그리고 가능하면 모내기하기 전에 논두렁은 물이 새지 않게 발라주면 좋다. 논둑 앞쪽을 삽으로 뒤집어 물을 끼얹으며 발로 밟아 곤죽을 만든다. 힘이 많이 든다고 이 일을 생략하면 산골 다랑이논은 물이 많이 새고 김매는 일이 늘어나게 된다.

볍씨는 쓰러짐을 막기 위해 키가 작은 종자를 쓴다. 모는 못자리에서 모판 상자나에, 아니면 논바닥을 잘 골라 그대로 모를 키운다. 볍씨 양은 논 150평에 1킬로그램 정도. 대신에 볍씨 사이 간격을 조금 넉넉하게 뿌린다.

▶모내기 전 풀 잡기

무경운 논에 피복(멀칭)이 잘되어 있다면 둑새풀을 비롯하여 풀이 덜 난다. 이렇게 되자면 어느 정도 세월이 필요하고, 피복을 하는 데 상당한 노력이 따른다.

무경운 논에서 풀은 피와 둑새풀이 골치다. 피를 잡기 위해서는 2부에서도 다루었지만 두 해나 세 해 정도 우렁이농법으로 피가 대량으로 올라오는 걸 막아주어야 한다.

둑새풀은 한 해 또는 두해살이로 대부분 가을에 싹이 나, 겨울을 난다. 봄이 되면 부쩍부쩍 자란다. 4월부터 꽃이 피기 시작, 5월말까지 계속된다. 모내기철에 열매가 익어가니, 논바닥을 이 둑새풀이 다 차지해 어린 모가 뿌리내리기 어렵다.

땅이 녹는 2월부터 둑새풀을 뽑는다. 아직 농사철이 본격적으로 시작되지 않기에 시나브로 뽑는다. 배수로를 잘 파두고, 피복이 두터

사진1 둑새풀꽃

우면 풀이 덜 난다. 논이 축축하면 엄청나게 번져 손쓰기가 어렵다.

▶ 모내기가 아닌 모심기

기계로 논을 갈고 써레질한 논은 논바닥이 곤죽 상태라 손으로 모내기가 쉽다. 모를 잡고 살짝살짝 놓듯이 하면 된다. 하지만 무경운 논은 땅이 굳어 있어 모를 놓듯이 내는 게 아니라 모종을 심듯 심거나 꽂기를 한다. 호미로 심는 방법이 있고, 손가락으로 꽂는 방법이 있다. 조금 빨리 심으려면 뾰족한 고추 말뚝 같은 걸로 심을 곳에다가 미리 구멍을 낸다.

호미로 심으려면 밭과 달리 자세가 불편하다. 밭은 물기가 없으니 쪼그려 앉을 수 있지만 논은 그렇지 않기 때문이다. 방석의자를 깔고 하면 좀 낫다. 손가락으로 꽂으면 논바닥이 단단해 손가락이 많이 아프다. 볏짚 피복이 두툼하고, 볏짚에 물이 충분히 스며들면 볏짚 사

사진2 손가락으로 꽂아 모 심기

사진3 무경운 논에 뱀

이에 모를 끼워 넣는 방법도 있다. 그러려면 피복을 꽤 두껍게 해야 해서 지난해 그 논에서 나온 볏짚으로는 어림없고 다른 논 볏짚을 구해서 더 두텁게 깔아야 한다.

  모 심고 난 뒤 풀 잡기는 왕우렁이를 넣는다. 다만 해마다 피복을 충분히 하면 점차 거름을 넣지 않아도 되고, 풀 잡기도 한결 쉬워진다. 그 뒤로는 다른 벼농사 과정과 크게 다르지 않다. 다만 논 생물들은 훨씬 다양하게 활동을 한다. 김매다가 물뱀을 여러 차례 만난 적이 있고, 심지어 개구리밥이 꽉 들어찬 곳에서 손아귀로 풀이라고 쥐었는데 그 속에 새끼 뱀이 있을 정도로.

▶두 해쯤 해본 결론

산골 다랑이논은 물 빠짐이 심한 게 무경운 벼농사를 함에 있어 큰 단점이다. 나 자신이 무경운 이앙 재배로 계속 나아가지 않고 경운 직파 재배로 방향을 바꾼 이유이기도 하다. 비록 산골이라도 물만 쉽게 댈 수 있는 지역이라면 적은 규모로는 계속해볼 만하겠다.

수확량은 나락으로 평당 1킬로그램 조금 더 되었다. 150평 한 다랑이에서 나락으로 180킬로그램 정도였다. 방아를 찧으면 쌀로 두 가마니 조금 안 된다. 이 수치는 날씨가 따뜻한 지방이고 또 해마다 피복이 두터워진다면 어느 정도 더 늘어나리라 본다.

무경운 재배의 가장 좋은 점을 나보고 꼽으라면 기계로부터 해방이 아니다. 기계는 앞으로도 갈수록 발전할 것이다. 지금보다 더 발달하여 남녀노소 누구나 다룰 수 있고, 에너지는 적게 드는 기계들이 앞으로도 계속 등장할 것이다. 하지만 기계가 주는 편리함이 우리 살아가는 주된 이유가 될 수는 없다.

진정 우리가 바라는 삶이란 사람이 제 삶의 주인으로 굳건히 서, 여러 생명들과 조화 속에서 온전히 자신을 펼치는 것이리라. 그런 점에서 무경논 농사는 오롯이 자연과 만나게 된다. 무경운을 하면 논 생물들이 아주 다양해진다. 다양성의 극치는 신비함이다. 설렘과 경이로움과 적당한 긴장감…… 삶의 큰 가치를 신비로움으로 둔다면 무경운 농사를 꼭 해볼 만하다. 우리 자신도 논 속에 푹 파묻혀, 다양한 생명 가운데 하나로 즐겁게 살아갈 자세가 먼저 필요하다.

150평이면 충분하다?

자급자족농을 아주 잘 설명한 책이 나왔다. 나카시마 다다시가 지은 『자급자족농 길라잡이』(들녘 출판). 나카시마는 한 사람이 500m^2(150

평)이면 궁색하지 않게 살 수 있다 한다. 쌀과 보리를 이모작으로 짓는 데 200m²(60평), 채소를 골고루 짓는 데 300m²(90평)이면 된단다. 닭을 키워, 거름과 최소한의 돈벌이를 해결한다. 50마리 닭똥이면 1500m²의 농지까지 거름이 가능하단다.

설사 체력이 남아돌더라도 농사를 늘리지 말라고 충고한다. 땅이 남는다면 차라리 풀밭으로 남겨두라고.

이렇게 나카시마 이야기를 따라가다 보면 그 꼼꼼한 기록과 정성에 혀를 내두르게 된다. 우리가 흔히 소농 또는 가족농을 이야기하지만 이렇게 구체적으로 그 최소 규모와 농사법을 밝히기는 처음이 아닐까 싶다.

물론 누구나 닭을 키워야 하는 건 아니다. 자신이 키우는 짐승이 자신과 잘 맞아야 하니까. 사람에 따라 토끼나 벌을 키울 수도 있고, 농사를 기반으로 하는 다른 여러 일들로 돈벌이를 할 수도 있다. 다만 자급하고 또 자족하는 삶을 바란다면 영감을 얻기 위해서라도 이 책을 꼭 보기를 권한다.

귀농이 선택이듯, 자급자족농도 선택이다. 삶의 가치를 어디에 두느냐에 따른 선택. 먹고 사는 그 근본에서 시작하지만 그 끝은 없는 거 같다.

맺음말

"내년에는 더 잘할 거 같아."

가을걷이가 끝난 어느 날. 논에서 마주친 마을 형님이 그런다.
"내년에는 더 잘할 것 같아……."
고향에서 평생 농사를 지어온 분이다. 적게 잡아도 40여 년. 나하고는 견줄 수 없는 세월이다. 묻지도 않았는데 그런 말이 나오다니……. 나 역시 바로 맞장구를 쳤다. 그렇다. 늦가을이면 늘 아쉬움이 남는다. 올해 딱히 뭔가를 잘못해서가 아니라 값진 경험을 했기에 이를 밑천 삼아 내년에는 더 나아가지고 싶고, 더 지혜로워지고 싶은 거다. 앞날에 대한 강한 희망과 의지를 담은 아쉬움이라 하겠다.

우리나라 벼농사는 한 해 동안 한 번만 짓게 된다. 그 과정에서 우리 생명이 되는 쌀을 얻는 것 못지않게 눈에 보이지 않는 소득 역시 한 해만큼 얻게 된다. 나는 이를 '마음 소득'이라 부른다.

이 '마음 소득'은 참 다양하다. 고마움, 자신감, 충만함, 경이로움……. 해마다 농사를 지을수록 나와 함께하는 모든 생명들한테 고마운 마음이 더 깊이 든다. 벼한테, 실지렁이한테, 올챙이한테, 물한테, 흙한테, 하늘한테……. 농사는 하늘과 자연이 짓고, 사람이 조금 거들 뿐이라는 말은 언제 들어도 진리다.

이 책 역시 내가 얻은 여러 '마음 소득' 가운데 하나다. 나 자신이 벼 직파를 처음 할 때는 기대 반 걱정 반이었다. 두 해째부터는 조금 나아졌지만 불안하기는 마찬가지.

　세 해째가 되어서야 직파에 대해 자신감이 높아져 본격적으로 파고들었다. 벼농사 관련 책이라면 손에 잡히는 대로 다 본 것 같다. 그러자 경험과 이론이 서로 맞물려 묘한 흥분과 설렘이 교차했다. 우리가 얼마나 왔고, 어디쯤 있는가가 보이기 시작했다. 나아갈 길도 자연스레 보였다. 분명한 건 점점 이앙 대신 직파로 나아가리라는 점이다. 손으로 뿌리든, 기계로 뿌리든, 헬기로 뿌리든 볍씨를 바로 뿌릴 것이다. 또한 기술과 지혜가 발달하면서 풀약을 치지 않는 직파도 점차 늘어나리라고 확신한다. 때마침 아내가 나한테 벼농사 경험을 잘 정리해보라고 권했다. 하는 김에 틈틈이 사진도 찍기 시작했다.

　그리고 이듬해 우리 아이들과 논농사 교실을 열었다. 산골 다랑이 논이니 아이들마다 한 다랑이씩 나눠주고 이 책에 나오는 과정 하나하나를 함께해보았다. 우리 아이들은 남들처럼 학교에 다니지 않았다. 사실 우리 아이들에게 내가 가르쳐줄 수 있는 과목이 논농사 아니겠는가.

　그리고 출판사와 이야기가 되어, 책으로 정리하기 시작했다. 가을걷이를 마치고 글도 마무리되었지만 그 사이 출판사 담당자가 바뀌면서 책 기획도 바뀌었다. 처음 기획은 벼농사 인문학을 중심에 두고, 직파 재배 기술은 간단히 들어가는 정도. 하지만 새로운 기획은 이 책처럼 직파 재배가 중심이 되고 벼농사 인문학은 맛보기 정도로 하자고 했다.

해가 바뀌고 다시 봄이 돌아와 논농사를 시작했다. 재배법이 중심이니 보완할 게 많았다. 꼬박 다시 두 해를 더 농사지으며 더 깊이 공부하고 또 글을 모두 다시 다듬었다.

이렇게 책을 준비해서 내는 데 꼬박 5년이 걸렸다. 산을 오르는 게 힘이 들지만 오르고 나면 그 성취감은 크다. 혼자 오르는 산도 좋지만, 여럿이 우르르 오르는 산도 좋지 않는가. 마찬가지로 더 많은 사람들과 함께 이 책을 마무리할 수 있어서 좋았다. 이 자리를 빌려 담당 편집자에게 고마움을 전한다.

그럼에도 여전히 아쉬움이 남는다. 한 해 농사를 마무리할 때 느낌처럼. 바로 '적정 농기구'다. 트랙터나 콤바인 같은 동력 기계 대신에 누구나 할 수 있고, 나름 생산성도 괜찮은 농기구가 많이 연구되고 보급되면 좋겠다. 방아 찧는 기계도 마찬가지. 대규모 정미소나 전기를 이용한 가정용 정미기 대신에 손으로 돌려서 찧는 수동식 정미기. 이 기구는 이미 시중에 판매되고는 있지만 아직은 주문생산 단계다. 언젠가는 그때그때 필요한 쌀을 석유나 전기에 의존하지 않고, 누구나 몸을 움직여 쉽게 바로 찧을 수 있는 날이 오길 기대한다.

그리고 한 가지 더, 벼농사에 대해 그러니까 식량자급에 대해 우리가 더 관심을 가졌으면 좋겠다. 농사는 삶과 사회의 뿌리(기본)다. 특히 쌀은 우리 주곡이며, 식량 안보하고도 직결된다. 뿌리가 약하면 줄기도, 잎도, 꽃도, 열매도 다 부실하기 마련. 벼농사 푸대접은 생명 푸대접이나 다름없다. 외국쌀이 싸다고 수입에만 기댄다면 우리네 앞날이 어찌 될 것인가.

쌀은 누구나 하루 두세 끼를 먹는다. 쌀값이 모두에게 미치는 영향이 클 수밖에. 쌀값이 싸기에 가난한 이들도 밥을 굶지 않는다. 그렇다고 농민만이 그 부담을 떠안을 수는 없다. 국가가 정책적으로 소득을 보장하지 않으면 안 된다.

이제는 농촌 노령화가 심각하여 벼농사를 개인의 선택에만 맡길 수 없는 환경에 이르렀다. 그래서 제시되는 정책적인 대안이 '농민기본소득제'다. 농업이 사회의 기본이기에 농민에게 조건 없이 최소한의 기본소득을 보장해주어야 한다.

사실 '기본소득제'는 유럽에서 이미 폭넓게 논의되고 있다. 특히 핀란드, 스위스, 네덜란드에서 활발하게. 기본소득제는 모든 국민에게 조건 없이 삶의 기본이 되는 최소한의 돈을 '권리'로서 지급하는 제도다.

이렇게 할 때 뭐가 문제인가? 돈은 문제가 아니란다. 선별 복지에 드는 예산을 일괄 복지로 바꾸기만 해도 예산을 크게 줄일 수 있기 때문이다. 문제는 이러면 과연 사람들이 일을 계속할 것인가?

조심스럽지만 이 책이 그러한 문제에 대한 약간의 답이 되지 않을까 싶다. 생명을 생명답게 가꾸자면 책 곳곳에 나와 있듯이 돈 이전에 일이 먼저가 아닌가. 우리가 살아가는 데는 아주 많은 일들이 필요하며 돈을 버는 일은 여러 일 가운데 하나일 뿐이다. 돈이라는 수단이 등장하기 아주 오래전부터 인류는 살아왔다. 하지만 단지 돈 때문에 하기 싫은 일을 억지로 해왔거나 또는 남한테 억지로 일을 시켰던 습관이 있었다면 기본소득제를 선뜻 받아들이기 어려우리라.

하지만 일이 갖는 참된 뜻을 깨닫게 되면 달라진다. 사람은 일을 통해 자신을 실현하지 않는가. 자신을 잘 가꾸고, 자신에게 넘치는 걸 세상과 기꺼이 나누고 싶어 한다. 기본소득제는 인간이 가진 잠재력을 끌어내는 소중한 자산이라고 나는 믿는다. 삶의 기본이 안정적으로 갖추어진다면 사람들마다 소중하면서도 하고 싶은 일이 크게 늘어날 것이다. 마치 볍씨 한 알이 땅에 떨어져 가지치기를 마음껏 하는 것과 다르지 않을 테니까.

사람이 태어나면서부터 극심하게 불평등하다는 건 개인에게도 불행한 일이지만, 사회 전체에도 평화를 가져다주지 못하는 일이다. 타고난 불평등은 한 개인의 성장을 어긋나게 한다. 성장과정에서 자신에게 정말 소중하면서도 꼭 필요한 일이 무엇인지를 물을 기회조차 빼앗아버린다.

게다가 현대기술의 발전 속도는 앞으로도 지금보다 한층 더 빨라지고 더 넓게 번져갈 것이다. 이런 흐름에서는 적지 않은 청년들이 자신이 바라는 일자리를 가져보지도 못한 채 늙어간다. 그러다 보면 개인을 넘어 사회 전체가 늙어가고 또 깊이 병들게 된다. 나중에 이를 치유하자면 아무리 많은 돈을 들이더라도 어려울 수 있다. 때문에 기본소득제는 헌법에 보장된 평등권을 실현하는 출발선이자, 사회 안전망이기도 하다. 인류가 함께 행복하고, 함께 성장하는 시대로 나아가는데 기본소득제가 그 발판이 되어주리라고 나는 믿는다.

하지만 우리나라는 넘어야 할 산이 많으리라. 당장 많은 돈을 마련하는 것도 쉽지 않을 테고, 긍정적으로 생각을 바꾸는 일도 쉽지는 않을 테다. 그렇다면 우선순위로 농민, 그것도 청년농민에게 먼저 적용하면 어떨까. 지금 농촌은 대가 끊기고 있다. 그런 농촌에 들어가 농사를 이어갈 청년들에게 먼저. 이제 농사는 더 이상 업(業)이 되어서는 안 된다. 생명 살림, 생명의 보고로 자리매김되어야 한다. 이건 개인이나 개별 국가에만 해당하는 문제가 아니라 전 인류적인 과제이기도 하다. 식량 불안은 곧잘 전쟁과 죽음을 몰고 올 테니까.

 이 책을 마무리하면서 모든 농민, 아니 모든 국민에게 기본소득이 보장될 날을 손꼽아 본다. 그럴 때 우리는 다 같이 희망을 이야기할 수 있으리라.